青少年 科普图书馆

世界科普巨匠经典译丛 · 第四辑

蜜蜂的生活

（比）梅特林克　著

赵冬梅　编译

上海科学普及出版社

图书在版编目（CIP）数据

蜜蜂的生活 /（比）梅特林克著；赵冬梅编译 .—上海：上海科学普及出版社，2014.4（2021.11 重印）

（世界科普巨匠经典译丛·第四辑）

ISBN 978-7-5427-5976-4

Ⅰ.①蜜… Ⅱ.①梅…②赵… Ⅲ.①散文集－比利时－现代 Ⅳ.① I564.65

中国版本图书馆 CIP 数据核字 (2013) 第 289494 号

责任编辑：李　蕾

统　　筹：刘湘雯

世界科普巨匠经典译丛·第四辑

蜜蜂的生活

（比）梅特林克 著　赵冬梅 编译

上海科学普及出版社出版发行

（上海中山北路 832 号 邮编 200070）

http://www.pspsh.com

各地新华书店经销　三河市金泰源印务有限公司印刷

开本 787×1092 1/12　印张 14　字数 168 000

2014 年 4 月第 1 版　2021 年 11 月第 3 次印刷

ISBN 978-7-5427-5976-4　定价：32.80 元

目录
Contents

001 / 第一章　蜂房入门

015 / 第二章　群蜂迁移

053 / 第三章　帝国的基础

063 / 第四章　蜜蜂的日常活动

089 / 第五章　新蜂王

131 / 第六章　杀灭雄蜂

137 / 第七章　族群进化

第一章 蜂房入门

1

　　这并不是一本有关如何养蜂的专业论文，也没有介绍太多实际养蜂的经验，因为有关此类的专业性优秀作品，许多国家都有很多，再去写一本类似的书也只是浪费时间和精力而毫无意义的。比如一些法国的作家有很多这样的作品，例如达东、乔治·德·拉扬、邦尼埃、克雷蒙、韦贝尔和克林神父等等。还有些英语国家的作者，像郎斯特诺思、贝凡、库克、科文、鲁特、切尔西等，也都写过此类作品。而德其尔松、范·贝尔思波赫、波尔曼、福格尔等，都是些使用德语撰写这类文章的作家。

　　这也不是一本介绍各种蜂种的书，更不是总结我的新观察和实验结果的文章集锦。这里没有养蜂的生僻知识，因为熟悉蜜蜂的人不知道的，我也不是很清楚。我不想把二十年来对养殖蜜蜂的经验，所做的笔记和实验报告，用来完成所谓专业的作品，毕竟这类书籍只有极为专业的人才会看，在这本书里，我尽可能不赘述专业知识。因此在这里，我只希望对一些不太了解蜜蜂的人，讲述我喜欢的蜜蜂，介绍我最热爱的昆虫。我不会伪造事实，也不会如罗穆尔般用自己通过观察和实验得来的事实，去批判或指正他的前辈只是凭借臆想的奇迹以遮盖事实的真相。很久以来，除去探寻真理，没有任何事物和人能提起我的兴趣和令我兴奋，在我看来，只有寻求真理才是最有意义的。所以，若不是我亲眼证实的，或是教学书籍已有定论的，在这里我不会多说一句，我不想在此误导每一位读者。我可以保证，这里讲述的事实都和专业书籍一样严谨，但你会发现这里的语言轻松简洁，毫无晦涩之言，你读到的都是更为合理、更为顺畅的章节，并能从中获得更加成熟更加自由的愉悦感受。

也许读罢此书，你依然不会管理蜂箱，但至少你可以理解住在里面的"居民"的那些日常行为，无论它们多么令人惊诧万分，也都是可以被正确理解的，而且读者也能从中有所领悟。

这些知识，无需人们提前去了解一些有关蜜蜂的基础知识为代价。我会悄然地摈弃那些在许多国家或作品中仍将蜂房视为传奇的传统俗套。若是到达未知的层面，我定会停滞下来，仔细说明不同意见和观点，任何的疑问和假说都尽可能在书中得以澄清。读者会发现，对于蜜蜂，除去生活中可见的事实，我们知之甚少。事实上，我们会体会到越是接近蜜蜂的真实生活，越是能感受到我们对它们的不了解。当然，还有一种更不被我们熟悉的无知，甚至是根本没有意识的无知，那就是，人类从根本上有一种对现有一切感到满足而导致的无知。是不是还有与我出发点类似的有关蜜蜂的书呢？我自认已经接触了所有有关蜜蜂的书籍，发现只有两本书的部分写法与我的书类似：一本是米歇莱《昆虫记》的最后一章，一本是路德维希·布赫纳的随笔《动物的思维》。前者的观点只是游走在边缘，而后者虽是相对完备，但是文中多处都是错误观点或者说很多都是道听途说的内容。我甚至觉得他根本没有离开过写字桌，根本没有用心思在他的女主角身上，那些嗡嗡的声响和秩序井然的蜂房，只是存在于他的想象中。而若想得到真相，我们首先要亲近那些真实存在的蜂房，之后才能探听它们的秘密，感知勤劳的灵魂，它们的气氛和芳香。而在我看来，《动物的思维》这部作品存在着很多学术作品的通病，只是依靠先人的结论，堆积了许多有违事实的趣闻和传说，从中我们看不到真实的蜜蜂，也闻不到蜂蜜的芳香。当然在这本书中，读者绝不会有相同的感受，因为我的出发点和目的并不在于此，甚至截然相反。

让我们看看那些关于蜜蜂的著作，书目多得令人头痛。可是，这些书籍，你越想快点看完你就越想早点丢弃它们，而去寻找真正的起点。很早之前，人们就注意了这些每天辛勤劳作可爱的小昆虫，生活在秩序森严的复杂社会中。除去阿里斯托马库斯以外，还有很多智慧的人都注意甚至研究过蜜蜂，比如亚里士多德、卡图、瓦罗、普林尼、克鲁梅拉、帕拉第乌斯等。据西塞罗的说法，阿里斯托马库斯为研究蜜蜂花了 58 年，而菲利斯库斯呢，他的著作已经失传。更令人遗憾的是，他们所记述的都是有关蜜蜂的传奇，读者从中得到有用知识甚少。就算是维吉尔，我们也只是在他的《田园诗》第四卷里勉强可以看到一些。

其实真正称得上科学研究蜜蜂的历史直到 17 世纪才出现，它是由伟大的荷兰专家斯瓦默开启的，他证实了蜜蜂很多不为人所知的细节。

早在他之前，法国佛兰德斯的著名学者克鲁迪亚斯就发现了蜂王具有两性特点、单独产子的等细节，但是他并没有找到充足的依据以证明他的发现。斯瓦默发明了显微镜，这是奠定科学研究的伟大发明。他又为了防止腐烂，设计发明了注射方法。他第一次成功地解剖了蜂王，发现了卵巢，由此纠正了一直认为蜂王是雄蜂的错误观点。由此他确定了蜜蜂社会属于母系氏族社会，为人类观察蜜蜂确定了准确和清晰的角度。他还为养蜂绘制和制作了极为美妙的木刻，常常会出现在各种书籍中，作为养蜂示意图。他生活在阿姆斯特丹最动荡的年代，在没有宁静的乡村生活，43 岁时由于过度劳累而离开了这个让他遗憾的世界。他的写作手法极为传统，字里行间都让我们深刻地感受到害怕背离上帝的恐惧，一切都是造物主的恩赐和创造。同时也正是因为他强烈的信念，全书的文字才能简洁、朴实而极具冲击力。《自然圣经》是他最伟大的作品，收录了他那些极具价值的观察，全书用荷兰语创作，百年之后，医生波尔又把它翻译成拉丁语。

现在我们来看一下继承同样研究方式的作家罗穆尔，他在沙伦顿的花园里养殖了蜜蜂，进行各种新奇大胆的试验，并在《昆虫史撰稿笔记》中用了整个章节来纪录他所有的研究成果。直至今日，我们每每读起都会受益匪浅。他的文章独具自己的风格，整个章节清晰、简洁、直观的记述给人以真实感。他纠正了一些前人的错误，但也出现了一些新的错误。对于蜂王的治理和蜜蜂社会的形成，他的理解是片面而不全面的，就是说，他发掘了新的真理，并且为更新的真理奠定了基础和指出了方向。关于蜂房的构成，他的阐述无人可及，他对蜜蜂如此惊人的创造力不吝啬赞美之词。他是玻璃蜂房的提出者，经后人不断地完善，才能为我们观察这种可爱而凶狠的昆虫的世界提供便利，比如蜜蜂在艳阳下劳作，在黑暗中休息等等知识。

其实我们更应该讲讲查尔斯·博奈特和希拉齐，他们的研究和试验，揭开了蜂王产卵的谜团。这里我们简单带过，直接介绍现代科学家、养蜂大家——佛朗索瓦·胡贝尔。

1750 年出生在日内瓦的胡贝尔，少年时期失明。他被岁穆尔的试验所吸引，并决心证明它的真相，没想到一发不可收拾，从此沉迷于此，他在忠诚而朴实的仆人佛朗索尔·博恩斯的协助下，一生都在进行蜜蜂研究。他一生历经磨难但却很成功，足以作为一门励志课程的典型案例被载入史册。这是人类耐心和坚韧的证明，一个失去光明的人，用他的精神指挥一个诚实人的双手双眼去证明心中的信念，这是多么感人和令人振奋的事迹。他从没有见过蜂巢，相比我们，在自然神秘的面纱上又多了一层遮蔽，可是他却能透彻地揭示出这诸多秘密汇集成的蜂巢，好像在提醒我们，无论人生处于何种窘迫境地，都不能作为停止追求真理和真相的理由与借口。对于我，也许讲讲养蜂科学中不归功于胡贝尔的内容，比起他的奉献，要更加容易。《蜜蜂新观察》第一卷是 1789 年完成，它得益于查尔斯·博奈特的帮助。而 20 年后第二卷才问世。这本书特点鲜明，广受追捧，内容丰富准确，捧着它就好比拥有一个用之不竭的宝典。其中也许小有纰漏，及其少数的不完全记录，但是就算后人拥有了显微技术和一些先进的养殖技术、蜂王的管理技术，都只能进一步证明他的记录观察准确无误。他毫无错误的实践经验，为我们的进一步观察奠定了牢固的基础，他的精神是无与伦比的，他的贡献是具有深远意义的。

继胡贝尔之后，很久一段时间都没有新的发现，直到德国牧师德齐尔松的重要发现。这一发现就是蜂王的处女式分娩，称为孤雌生殖。他随后发明了一个可活动蜂巢的蜂房，成为养蜂人的福音，他们不再需要为了得到蜂蜜而毁掉蜂房，冒着一年心血白费的风险，破坏一个有秩序的群体。当然这个设计还存在缺陷，朗思特洛斯进行了精妙的改进，成为一个可移动式框架，在美国被广泛使用并取得成功。之后又经多次多人改进，例如鲁特、奎恩比、切尔西、科万、希东等等著名的人士。其中梅赫林提出如果用蜡做人工蜂巢，就会解放那些制造蜡和建蜂巢的辛勤蜜蜂，这个工序浪费了太多的蜂蜜和蜜蜂最为宝贵的精力充沛的阶段。蜜蜂似乎很喜欢这样的安排，而且很快都互相适应了。之后，得鲁奇卡少校根据离心力原理设计并制造出了采蜜器，避免了取蜂蜜时对蜂巢的破坏。综上所述，短短几年，蜜蜂养殖技术就发生了翻天覆地的变革。蜂蜜的产量远远超过之前，世界各地都涌现出大型的养蜂基地，最多时的产量可以达到以前的三倍。这一变革停止了对这个勤劳族群的毁灭性破坏，还有由此产生的对弱者的艰难抉择。就这样，在蜜蜂不知不觉中，人类终于可以主宰它们的命运，成为这个神秘王国的真正主人。甚至不需要发号施令，也不用冒着被蜇的风险去驾驭蜜蜂，就可以让它们按我们的意愿安排去工作。我们在暗中操纵这一切，丝毫不需要这个神秘王国子民的加冕，就改变了它们的宿命。再不会有不公平的纷争，一切财富都可以平均分配，曾经矛盾的族群都成为了团结的工友。蜂王几乎就是权力的傀儡，人类可以随时改变它的繁衍能力，按需要进行调节，甚至换上更为令人满意的新王者。人类狡猾地骗取了这个神秘民族的信任，这是通过精心设计的，如果它们有丁点儿不信任，就会勃然大怒，功亏一篑。在恰当的时候，人类会去改革它们已订立的秘密的社会秩序，当然也是暗中行事，虽然盗取了它们大量的劳动成果，可是没有使它们耗尽财富，也不曾有丝毫伤害而致使这个神秘王国的子民心灰意冷。人们会根据周边繁花盛开的程度，测算出蜂蜜产量，再调节自己需要的储备以及蜜蜂王国的仓库留存。蜜蜂的求爱机会已经被人类控制减少，主要就是为了防止太多的蜜蜂停留和等待王国公主的出生。总之，蜜蜂的一切生活已经不由自己决定，人类可以随意处置它们，当然也是要遵循自然法则和道德。抛开已经成为蜜蜂主宰的人类欲望不谈，这个王国的子民数量太过庞大，很难单独地观察单独的一个，很难清晰理解。它们的眼睛可以比人类视野更加开阔，它们目标明确，就是勤劳地履行自己的使命，从不偷懒耍滑，不知疲惫。

到现在为止，从前人的书中，我们了解了曾经的蜜蜂和人类的历史，那么，如今我们可以抛开它们的一切，用自己的眼睛去观察和体会这个神秘的王国了。如果你到养蜂基地，在短短一个小时的时间里，你可能并不能获得很多知识，可是你的感受肯定是具体而令人兴奋的。

我永远都会记得第一次见到的一个蜂房，也是从那个时候起，我开始痴迷于这种小昆虫。多年以前，在美丽的荷兰佛兰德尔，有一个很大的村庄，这里的人们和西兰岛的那些居民一样，甚至更加热爱阳光下色彩缤纷的乡野。这里就像展开的一幅美丽乡村风景油画，如此鲜活和色彩绚丽，山形墙好像吸引了所有的阳光再反射给大地，还有远处的马车和矗立的尖塔，画面和谐而宁静。道路尽头处处闪着微光，走近会发现是厨具和时钟反射出的阳光。小树在运河和码头的两岸上肃立列队，看起来好像是恭敬地守候着某种重要的仪式。运河上修有水坝，还有可以控制开闭的吊桥，色彩也是五光十色。河水上漂着大大小小的船只和游艇，船尾雕花都很精良，门窗做工精细富有设计感。岸边草坪上错落分布着一座座小房子，由于涂有清漆涂料，它们在阳光下都会发出明亮的光。妇人们穿着都很奇特，戴着各种闪亮的首饰，像是闪着光彩的一座座会移动的古钟。她们也许去那用白色篱笆隔开的牧场，让奶牛奉献出它们的牛奶。或者她们会抱着一大块亚麻布，铺在草地上晾晒。草坪都被精心修剪成各种形状，椭圆形和菱形是最常见的，那绿色好像格外鲜艳。

若你想隐居到一个与世隔绝的地方，这个地方最为适合，这里也的确住着一位隐退的哲学家，他好像维吉尔诗中的人物，"一位最接近神仙，而又像帝王的人"。如果拉·封丹看到也许会再加上一句前缀："如同神仙一般的笑容可掬，得偿所愿"。

他在此隐居，建立了自己的惬意天地，也许是对世俗有些疲惫，当然这疲惫并没有达到憎恶的地步，因为他是最想靠近神仙的圣贤，他的生活中不会有极度的憎恨。他只是想逃离那个世俗的人类社会，去获取关于未知的大自然的奥秘，在他看来，人类的做法与答案永远都远远比不上动物和植物的天然智慧。似乎他和斯基台人一样，在隐秘和局限的花园中就可以获得最大的幸福，他最大的爱好和兴趣就是造访养蜂场。他搭建了12个圆顶草棚，组建成为一个大的养蜂场，其中一些漆成了明朗的红色，还有更为亮眼的黄色，但是由于他几年前对约翰·路博客博士实验的观察，蜜蜂喜蓝色，所以大部分被漆上了蓝色，看起来很柔嫩。

这些蜂箱大都被摆放在房屋的折角里，这些折角是荷兰房屋的一种特色，是单独凸出的厨房和墙形成的。躺在厨房陶器柜里的铜器和锡器顽皮地闪着光亮，穿过了敞开的房门，映射在不远处的运河的水面上，随着水波不停地跳跃着。运河倒映着熟悉的影像，白杨树就像是门帘一般，一切都是如此错落有致，人们的目光会不自主地被远方的磨坊和草原营造的安宁天际所吸引。

就是这样的地方，呼吸着芳香的空气，站在明媚阳光下姹紫嫣红般的花的世界里，感受乡村的宁静安详，而更重要的是蜂房给这一切平添了一层新的含义，把人们拉进即将到来的自然界的盛会中。人们似乎喜欢和满足于这天堂般的十字街头，各种气息由此交汇和扩散，乡村里担负运载各种浓郁芬芳的使者们，从清晨到暮色降临不停地辛勤飞舞着，翅膀好像在弹奏美妙的旋律。花园里传出最动人的歌曲，就是那些勤劳的天使，在这美丽季节唱出的内心喜悦。这里好像是一所关于蜜蜂的学校，人们到访可以了解伟大的自然界最为重视的东西，动物、植物和矿物三大王国共同营造的和谐，生命就是永远不知疲劳地耕耘和无私无畏地奉献。这里最为高尚的劳动者为人们带来了一堂极具教育意义的道德课。而且它们还会用自己的实际行动——拼命挥舞翅膀，以便我们更好地欣赏和领悟在我们亲近大自然、放松自己时，我们内心呈现的却难以言喻的快乐，懂得尽情拥抱空旷原野的乐趣。我们宛若置身于一个透明的，没有一丝杂质，甚至没有回忆的世界，享受最单纯、最原始的快乐。

为了便于观察和研究蜜蜂全年的活动，我们选取了一个春天刚醒来就开始投入忙碌工作的蜂房做例子，按照它的季节秩序观察它各个时期的不同阶段，即：蜂群的组成和解散、新巢的建立、小蜂王的产生、战斗和联姻、雄蜂的悲惨命运，最后是集体冬眠。具体地说，它们的一年就是4月到9月末，我们也要抓紧在这段时间内窥探出秘密王国的所有奥秘。首先，在我们打开神秘王国的大门前，先了解以下知识：蜜蜂王国的统治者是蜂王，是所有子民的母亲；还有数以万计的工蜂，它们是没有生育能力的雌蜂，也可以称为不完全的无性蜜蜂；雄蜂有几百只，但是只有一只有幸能将来能与新蜂王交配。当然这只雄蜂也其实是最不幸的一只雄蜂，后面我们具体讲它的不幸，这里就不说了。如果新蜂王交配完成，不管老蜂王是否愿意，她都要将王位拱手相让。

第一次打开这扇神秘的大门，那种令人畏惧的感觉让我终生难忘，就好像不带任何敬畏开启他人棺椁一般，充满未知而阴森。蜜蜂带来的大多是恐怖和神秘的感觉。它的毒刺触碰我身体的那一刻，所造成的疼痛令我几乎无法忍受，感觉从未有过这么痛苦的经历，它令我四肢灼热地疼痛，好像将我置身于沙漠多日又滴水未进时的那种干渴般难忍。蜜蜂好像是太阳的女儿，正在利用父亲的威严的力量，惩罚那些擅自闯入者，使用毒刺就是为了保护它们在阳光下辛苦收集的财富。事实上，在不了解蜜蜂的习性和癖好前，冒然进入它们王国的入侵者是危险的，它们会在瞬间变成斗士进入战备状态并疯狂发起进攻，像烈火中的森林一发而不可收拾。其实要免除这样的惩罚，方法并不困难，只需要一点点技巧。首先不要慌忙，放轻脚步和动作，冷静下来放出烟雾弹，这样虽然拥有精良的装备，它们也不会匆忙使用武器。你如果认为它们是善待自己的主人，那你就错了，它们根本不会认得你，唯一使它们望而却步的是烟火的危险，这应是本能的反应，它们会在自己的王国横冲直撞，以为一切都是大自然的强力使然。所以，它们根本不考虑如何反击，只是在尽力保存已有的和准备以后的，这一点可以看出它们的深谋远虑，它们及时飞到藏蜜的地方，用身体沾上蜂蜜，这样就算有不幸的紧急情况，也会留有部分粮食，以便选择新的地点后在建立新王国时可以用到。

如果是不了解蜜蜂的外行，当打开蜂房时一定会特别失望。因为曾经认为这是个神奇未知的秘密王国，其中有着相当严格的秩序，它们的世界令人叹为观止，它们像天生的天才拥有经验和科学，并且分工明确，还似乎可以预知未来，聪明的头脑也有优秀的品德，总是勾起人们的无限向往。而事实上，可以看到的只不过像一堆堆烤坏的咖啡豆，一团团泛红的东西，又如同玻璃上放着一堆一堆的带毛葡萄干。人们完全不敢相信眼前的一切，这些勇猛的战士行动不协调且缓慢。而之前那些阳光下忙碌的，穿行在千万朵金色花萼间的还伴随着光芒的小使者们，就是眼前的这些东西吗？我们说要看的蜂房，就是一个里面挂着百叶窗，或者黑帘子的玻璃蜂房。最好选择里面只有一个蜂巢，可从两端观察研究的玻璃蜂房。你可以随意安置这样的小房子，书房和客厅都是可以的，既方便又无危险。我在巴黎的书房里就有一个观察蜂房，里面的蜜蜂并不知道自己的境遇和这样的人造环境，它们依然有自己的生存手段，依旧勤劳，同样繁衍生息。也许是黑暗使它们不安，紧紧抱在一团才能恢复知觉和呼吸。看到这些后，也许你的第一反应是它们集体生病了，或者被剥夺了至高无上的王位，窝在一个黑暗的小空间互相依偎，艳阳下的荣耀不复存在，只剩下卑微的耻辱和贫瘠。对蜜蜂的研究有着现实主义精神，意义深刻。我们必须继续研究，而且还要掌握正确的技术和方法。它们好像本属另外的星球，一定看到过人们无形地穿越空间，或者拥挤到一个大的封闭空间，抑或在等待一种未知，动作不被察觉，隐秘地藏身，它们也会对此有所定义：它们是如此的可怜，迟钝。它们也得花很多时间才能弄明白这么多行为分别表达什么意义。其实，你看到的那一团团的东西，里面的每一个成员都在辛勤地忙碌着，各自有不同的分工，合理且井然有序。没有任何一个会偷懒，好像死一样贴在玻璃上的一团团的蜜蜂，其实也是在执行自己的秘密任务，而且是最劳累的一个：生产蜂蜡并且做出造型。但是，这些秘密活动只有它们内部才知道。现在，我们只要了解它们最基础的本能特性就好，从而便可以理解为什么繁琐的任务可以合作得如此默契，它们的分工如此复杂却又如此团结。作为群居昆虫，比起蚂蚁，蜜蜂更胜一筹，它们脱离集体几乎不能生存。虽然蜂房很拥挤，只有用头使劲儿拱才能行动，它们也不愿离去，因为那样离开了适应生存的最好空间，等同于自杀行为。面对繁花锦簇的大地，蜜蜂如同爱游泳的健将一样，一头扎进满是宝藏的花之海洋，可是也像人们要不时到水面换气一样，它们也要时不时就回到群体中寻找安全感。即使有很好的食物、良好的环境，如果将它单独放在一个空间，出不了几日，蜜蜂便会死去，死因不是饿死和冻死，而是寂寞难耐。集体给予它们的是无形的滋养，及时且必要。对集体的需要就可以很好地诠释为它们的社会法律了。因为它们从没有独立存在的价值和意义，只有在群体中它们才能有自己的职能和地位，在最平常的时刻，它们也许只是带翅膀的器官。它们的生命只为集体存在，而且心甘情愿，一生都在为繁衍和扩大整个种族做出自己的贡献。而有时令我不解的是，其实也有例外的出现，那就是我在对膜翅目蜜蜂的研究时，发现家蜂在遵循传统之时，也在不断地完善和改进这个过程的各个阶段。而最底层的表现是，它独立地工作，而没有后代（叶舌花蜂和分舌花蜂），有时候只生活在一个属于它的小团体里（例如大黄蜂）。再后来，它会用自己的方式与其他蜂种短时间联姻，连续各个阶段的繁衍后，最终得到自己庞大的蜂群，这几乎是个完美的王国，但是严格且冷酷。这个王国里没有独立存在的灵魂，必须全心投入集体，所有的生命都将为未来抽象和不朽的社会做出牺牲。

仅仅根据上面讲到的这些事实，我们尚不能在人类社会中找到对应之处并草率地下结论。对于一些自然法则，人类是没有能力对抗和改变的。至于说，人类对抗这些法则的行为是否正确，这种判断已经牵扯了人类道德世界里最庄重也是最晦涩的一部分了。当然让我们兴奋的是，可以看到一个自然界的意志，在不同物种世界引起的反应。我们可以清楚地看到和分析出这种意志在蜜蜂世界进化过程中的影响，因为在地球上，除了人类外，膜翅目昆虫拥有的智慧应算是最高的。可以说自然界的用意就是改进这个物种的进化，可若是按照自然的意愿，那么牺牲个体的价值和自由、幸福的权利，是必经之路。每个个体的私有空间的缩小，带来了整个社会组织关系的提高。

　　所以如果哪里出现了提高和进步，一定是个体为了集体利益而放弃了越来越多的私人利益，最后彻底奉献一切。第一步就是改掉了独自行动的恶习。比如，在养蜂文明真正形成前的最后一个阶段，出现了好像人类社会中食人族的部族，那就是大黄蜂。成年的黄蜂总是盘旋在蜂巢的附近，伺机发起进攻，吞食同类，母蜂当然会顽强抗争。所以每一个个体从一个危险的恶习中解放出来后，它们也被迫培养了令自己痛苦的各种美德。比如在大黄蜂王国中，工蜂从未放弃追求爱情的权利，而家蜂则只能终生保持贞洁，直至生命结束。慢慢地我们会发现，它们的牺牲，是为了整个蜂房社会的和谐、安定，它们放弃的权利，令人类无法想象，只是为了实现整个王国的建筑、经济和政治的完美统一。在后面会有一章专门介绍膜翅目昆虫，从中你会获得更多的相关知识。

第二章 群蜂迁移

9

其实真正地想看到自然界的蜜蜂特质，靠近真实，我们还是要观察普通的蜂房各个阶段的发展，因为它们的数量是试验蜂房的二十多倍，而且自然界的蜜蜂是自由的，没有任何阻拦的。新的一年，它们不再会像在寒冷冬日里那样行动迟缓。刚刚开始的 2 月，蜂王已经开始产卵了，工蜂则成群结队地飞向柳树、坚果树，还有一些围绕着紫罗兰和金雀花，银莲花和疗肺草也没有被冷落。春天来了，平原、河流、山川，处处都是花团锦簇，每天都有新蜜蜂的诞生，加入收集蜂蜜和花粉的大军。生长成形的雄蜂也爬出蜂巢，在蜂房里随意玩闹。由于过度的繁殖，导致这个王国非常拥挤，数以千计的勤劳的工蜂在一天辛勤工作后，回到蜂巢却是没有容身之地，只得在入口休息，大部分甚至被冻死。这样的情况使得这个王国动荡不安，老蜂王开始提高了关注度。它觉得这个王国需要一个新的掌权者，它作为一代女王的职责和义务已经完成，可它唯一能感受到的不是骄傲，而是痛苦和悲哀。它被一种无形的力量催促着，它感到惶恐，不得不放弃这个它为之奋斗的而且属于它的城池。它用自由和爱换来这座城，这是它的一切，它不是男性意义的国王，可是它创造了这个王国，它是这个城市的母亲。这里的一切都是出自它的身体，所有这里的生命来自她的生命一部分：不只是幼虫、蜂蛹、年轻的公主，还有工蜂、雄蜂。而正是公主的来到，宣告了它离去的日子已近，因为公主之一已经被认定为下一个伟大的蜂王，这都是"蜂巢之灵"决定的。

那么什么是"蜂巢之灵"呢？我们要如何才能发现它？与其他的特别的技能不同，例如，鸟儿天生就会设计和搭建自己的鸟巢，等待迁徙时再去往另外一个天空。它又不是机械型的物种本能，没有对生命的盲目跟从，否则一定会在一个至关重要的事件上打乱本来有的封闭而严格的秩序，陷入极大的险境。相反，如果那个至关重要的事件不是那么蛮横，"蜜蜂之灵"依然会紧随它的脚步不放，就好像机智和忠诚的奴仆，就是这个奴仆可以在他主人"最凶险的号令"里得到有利的信息。

它在裁定所有那些带翅膀的子民的财富和生命、幸福、自由的时候，是极其残忍的，但却带有一定的考量，这种判断力就好像受一种无形责任感所支配。它要根据周边的五彩斑斓地盛开的繁花的数量，精心计算和计划着这整个王国的出生率。它会无情地宣布老国王的退位，使其让出宝座并且离开。它迫使每一任的蜂王把自己的敌人亲自带到这个家园，并且辛勤养育它们，保护它们不受任何政治上的危险。也是同样的原因，根据花朵的数量，春季的时段和婚姻可能造成的危险，它将命令襁褓中的公主姐妹们互相残杀，姐姐会用毒刺刺死那些还唱着国王歌曲的小妹妹。还有比这更残忍的吗？残忍还没有结束，当花季快要结束的时候，成活的花越来越少，它会向工蜂发出命令去屠杀所有皇族，革命的时刻将要来临，工作就是唯一的目标。"蜂巢之灵"是谨小慎微的，并且勤俭持家，但并不是吝啬守财。它貌似是有自我意识的，面对一些宝贵的应被在意的东西时，自然的法则有时是疯狂和极端的，所以在夏季一切富足的情况下，它会允许整个拥挤的蜂巢有三四百只公蜂，这是给还没有出生的蜂王准备的情人，这是多么荒唐和尴尬的情景啊。这三四百只公蜂都是自命不凡的，虽然极其愚蠢、笨拙和懒惰，只是贪婪地吃着，低贱而令人恶心，这些家伙就是彻底的无用的懒虫，每天都会惹来桃色新闻，但依旧百无聊赖地做着坏事。

可是，一旦蜂王受孕，花朵不再是那么蓬勃盛开和明媚艳丽了，它们的凋谢期悄悄到来之时，公蜂的死期也就到了，它们将被实施集体屠杀。

"蜂巢之灵"会比较科学地安排工作，能根据工蜂的年岁给它们安排不同的岗位，再分派给专门照料蜂蛹和幼虫的护理蜜蜂，她们是荣誉女士，属于蜂王的专用侍者，绝对不会让蜂王走出自己的视野。有一些更加辛苦的巢内蜂，它们全靠翅膀的扇动，帮蜂巢交换空气，而且保证这个蜂巢的温度，帮助含水量比较大的蜂蜜快速挥发水份。除此之外，还有一些蜜蜂负责建筑，充当建筑师、泥瓦匠、打蜡工和雕刻师的角色，它们组成了一个团队，努力建造自己的家园。每当采粮者倾巢而出，它们就争先恐后地扑向芬芳浓郁的花丛中，夺取可以变为蜂蜜的甘露，或者是抢夺可以哺育蜂蛹和幼虫的花粉，再有的就是去寻找可以加固家园的蜂胶，以及年轻一代生长必不可少的水源和盐分。之后，"蜂巢之灵"的命令下达给了化学家，这些化学家们渐次地把尾端的蚁酸滴入蜂蜜里，这有利于蜂蜜的保存。随后，命令到达胶丸制造者那里，等到这些蜂蜜成熟后，那些蜜蜂将会把它们封闭起来。不久，清扫夫们也收到了自己的命令，它们会清扫大街小巷，保证周边不会有杂质，几乎干净得无可挑剔，而下面搬运工的任务就是搬走死尸。无数的守卫等来了它们的任务，不分昼夜地守卫着秘密的大门，进出的蜜蜂都要接受严格的检查。它们可以认出第一次外出后飞回来的新成员，以及某些流浪者、抢劫者和无事生非的家伙，阻拦和驱逐一切入侵者，集体防护和抵抗强大的敌人，需要的时候还会搭起障碍放置在大门前。

最后的时刻，还是要由"蜂巢之灵"来决定本年度这个王国最大牺牲的时刻，这就是分蜂的时辰。你会看到一个大的迁徙，整整一个家族会把努力得来的，甚至是生命换来的富裕的家园，美丽的宫殿，还有辛勤收集的财富、粮食都留给后代，在整个家族达到最为昌盛之时满足地离开，去一个新地方再次辛苦地创建新家园。也许你是不能理解的，因为无论此举动是否有意义，都已经超过了人类的道德标准。后果有时候不是它们想要的，但是贫穷却是如影随形。而曾经繁荣幸福的城池，也随即陷入一片杂乱中，好像有一个比幸福更加强大的法则在左右这一切。我们马上就去揭示这个法则。这个法则并不是一成不变的，也更非不可避免的。它是怎么形成的？它在何处有效？是什么样的集体，什么样的代表，以何种道德和法律标准制定它们的？为什么所有成员必须遵守它，要知道它本身只是一个附属品，以每个人自觉履行自己的职责得以维持它的合法性。可为何这个法则又是那么完美，如同一双眼睛能洞察未来呢？

其实不只是蜜蜂的命运是这样的，世界上大部分的事情都是这样的。它们的变些习性被我们发现，它们按照自己的意志做着事情，产生自己的王者或者统治者。工蜂都是处女，它们在某个特定的时候组成蜂群。这个时候我们自以为已经足够了解，不需要再进一步去观察。我们看到它们在花间匆忙穿梭，而蜜蜂的神秘王国经常骚动，决定它们一切的都很简单，和其他物种一样，都被繁殖和生计所负累。可是，如果你把眼睛凑得更加近一点，仔细去观察，发现，一切简单的都开始复杂化了，你会觉得难以理解，面前是很多的谜团，生命、智慧、意识、目的、原因……这些我们生命中也存在的一切，这些不会被注意的行为组织在一起，让我们开始迷惑不解。

可以看出，这个蜜蜂家族准备离开了，它很情愿地作出奉献。这是对"蜂房之灵"的顺从，这个王国中有八九万的子民，其中六七万会按照命令在同一个时刻离开故居，这种被迫接受的命令是不能被人类理解的，因为这是人类从本能和道德上不能接受的，甚至是相反的。它们并不是因为贫困、饥饿和潦倒而被迫离开这个绝望的故居，也并非仓促而没有任何准备，这样的撤离是有所准备或者说是计划好的，只是在等待适合的时机和命令。如果王国中的储藏不够丰富，如果受到了自然打击和外在掠夺，如果王国的统治者有任何的意外发生，它们都不会离去。相反的，这只有发生在高度发达的时刻，此时经过了春天的勤奋劳作，整个王国已经被建设得十分完美，拥有了 12 万个小蜂室，每个都充满了蜂蜜和足够的花粉，蜂蛹和幼虫都会蜂拥而上享受这样的"蜂蜜面包"。

就在这无所畏惧地抛弃一切准备撤离的前天夜里，丰富的财富和快乐幸福还充满了整个王国，整个城堡都是如此完美如此温暖如此热闹。也许正是太过兴奋和狂热的原因吧，一切又是如此安宁静逸。

　　这个画面都是我们自己描绘出来的，而不是蜜蜂眼里展现的画面，原因很简单，它们的三重巨眼看到的六七千个画面里，事物会发生怎样的变化，无论后果有多可怕或者说多丑陋，我们都不得而知。我们始终只能假定自己在遭受它们的境遇时，会如何看待和处理。蜂房的顶部之庞大不亚于罗马圣彼得教堂的穹顶，蜂蜡做成的蜡壁像一幅伟大的壁画一直延伸到地面，在黑暗和虚无中保持平衡。巨大的样式，多样的设计，垂直和平行都是存在的，这样的胆略、测算精密和跨越的程度，相对来说，人类没有一个建筑可以比拟。蜂蜡构成的蜡壁简直是完美无瑕，每一面上都存在上千个蜂室，都充满迷人的芬芳、清新的愉悦感，里面的财富足够提供所有子民几个星期的口粮。你会发现有透明的蜂室，里面储存的是春天大地花朵精华的爱之酵素——花粉，点点红黄色彩还有斑斑黑紫。周边是两万多个花房，这些仓库里的蜂蜜都是 4 月里上等蜂蜜，要想破坏上等的蜂胶只有连日不幸的自然灾害的到来。那可是最为宝贵的一种蜜，清澈而甜蜜，周围由一圈黄金色坚固而强硬的长长的庄严之物所保护。下面一层就是 5 月里的蜂蜜，在敞开的桶里成熟着，而桶口必定有很多携带武器的战士，它们保证了这里会有畅通的空气通过。整个王国只有一个开口，阳光也是由此偷偷射入，而远离光线且最中央的地方，就是蜂巢之灵的所在，它在这里沉睡，也会在这里被唤醒。这是整个王国最温暖的地方，作为皇家的卵化室，只有蜂王和它的侍者可以出入。大概有一万个小房间给蜂卵休养，还有一万五到一万六的房间留给幼虫，四万个房间给白色的蜂蛹，几千个护理员都在此细心照料。而就在这些小房间的最好的地段，会存在三处、四处、六处或者十二处被密封起来的宫殿，相比之下，这些会是比较大的宫殿，里面居住的是至高无上的少年公主，等待属于它们的时代到来，而在这之前，它们被包在白色的模子里进食，动弹不得，黑暗是它们唯一的朋友。

当然，在蜂巢之灵确定好的时辰里，根据它的法则和定律选择出的一批子民被命令出发，为了未知的未来开辟道路。就在一个黑暗笼罩的城堡里，公蜂等待着命运的决定，其中一些将会是王室的情人。皇家的卵化室里侍奉的小蜜蜂，算上周围工作的工蜂，会被命令继续它们的工作，守护所有的财富，还有一直以来的王国传统道德。可能你并不了解，每个蜂房都有自己特定的传统，有的极为崇高，有的却有失妥当。这就导致了有些粗心的养蜂人，让他的臣民陷入堕落的境地。这些臣民失去应有的道德和对别人的尊重，变得不是抢劫，就是染上游手好闲、无事生非、无所事事的恶习。它们会被周围小国的国民视为敌人、被看作是最危险的群体。其实，这一切都要依靠蜜蜂自己的警戒：每一滴蜜汁的形成都是来之不易的，要靠数百只蜜蜂去辛苦劳作才能形成。很显然，这样的劳作不是快速致富的方法，而采取一些暴力去进攻，去夺取它人的成果当然来得更快，因此，它们往往攻击有失防备的城池。这些已近走上歧路的蜜蜂，想让它们改邪归正，回到辛勤芝作的道路是难上加难的事情。

很多的事实都让我们可以肯定地说，蜂群迁移的决定不是蜂王可以下达的，而是蜂巢之灵的命令。对于我们尊称的蜂王，就好像很多男性的领袖，表面上是它在发号施令，而其实它背后有一个更神秘的力量，它本身也不得不遵从这个无法理解的旨意。这个重要的时刻一旦确定，蜂巢之灵可能会在清晨下达命令，也许是前一天夜里已经宣布下去，但是绝少是提前两天会被知晓的。东方刚刚露出鱼肚白，露珠刚刚滴下，那个繁华兴盛的城市周围已经躁动不安，异常骚动，很多养蜂人都不理解这种现象产生的意义。有时候，人们只能观察到争执、疑虑和胆怯的现象。这是个神秘的群体，好像每天都在重复出现无名的躁动，之后又无故地消失。难道是我们肉眼看不到的乌云爬到了晴空，而被这些聪明的小昆虫察觉？难道是它们在开重要的会议表决离去的必要性？我们永远不能知道到底发生了什么，就好像不能知晓蜂巢之灵如何下达命令给它的子民。我们猜测蜜蜂之间也是可以交流的，但是方法是否和我们相同就无从知晓了。也许它们会把命令用歌曲唱出来，它们自己也不能听清楚：每句低语都带有花蜜的芬香，夏日里这令人神往的低低歌声，流入挚爱它们的养蜂人的耳朵里。在透明金黄的城堡，在明媚的夏日阳光里辛勤劳作的劳动者的欢歌，也许热情的花朵也忍不住要随着哼唱起来，那一听就是洁白的康乃馨的声音，还有牛蒡子属植物和百里香的小嗓音。在它们的整个乐章中，我们可以听到它们的心声，有喜悦轻快的声音，也有遇到威胁的慌乱，还有悲伤的情绪，愤怒的感情。蜂王将唱出最悲壮的赞歌，更像是悲伤的圣诗，同时伴随了神秘莫测的厮杀般的呐喊，预示了一场场大屠杀的到来，少年公主奉上了它的乐章。这音乐的出现难道属于偶然，使得内心不能平静？这和我们曾经如此接近蜂房时听到的声音完全不同，也许它们也并不觉得这就属于那个世界，也就根本没有注意。也许又是另外一种情形：作为人类，我们只能听到它们发出的烦躁声响，而这只是它们乐曲的一部分，那更加悦耳的曲子我们根本察觉不出。我们马上会发现，它们互相沟通默契，配合协调，动作迅速而敏捷，正如那庞大的斯芬克斯式阿特罗波斯，就是有着死神之头的蝴蝶迅速穿越蜂巢，声音刺耳，就如同蜂蜜盗贼的咒语一般。消息会马上传遍整个王国，从门口的卫兵到最深处的工蜂个个惊悚，全体骚动起来。

14

一直以来，蜜蜂除了神秘之外，人类认为它们是十分机警和谨小慎微的，并且它们深谋远虑，讲究工作效率，而真正让它们放弃自己富足的生活和美好的家园，重新面对困难的开始，则是遵循了一种自然的委派，是机械的冲动使然。每个物种都有自己的生存繁衍法则，即使是极度愚蠢的，也是要遵循的，这是自然界中一种看不到的力量，它隐藏在时光里，却控制了一切的生物体。不只是蜜蜂和其他昆虫的生活是这样，即使是今天的我们，虽然已经处于高度的文明，但是对于一些我们不能揭示和无法了解的神秘现象，还是只能归结于命运的安排。现在我们发现了三四个蜂巢的秘密，它们的集体迁移不是出于自愿，而且也不是完全不能改变的。这个转移不是没有合理的考量，而是考虑大体的牺牲，一切都是为了下一代的幸福而奉献了自己的做法。其实，我们可以人为地偷偷毁掉一些还在蛰伏状态里的小公主，扩大仓库和小房间提供给多数的蜂蛹和幼虫，那么蜜蜂将很快意识到不需要无谓的牺牲，这样的混乱就会马上平息，一切恢复到辛勤的劳作状态里，花朵再次迎来它的使者，而当前的蜂王依旧稳稳坐在它的宝座上，它不用担心会有新人代替，不需要被迫让出权力，它估计要一年内都继续生活在黑暗里。它再次恢复了伟大的母性光彩，对自己制造的未来生命充满了自信，每天都产下两三千蜂卵。它的繁殖方法是依照科学的螺旋式播种，这样就不会落下一个小房间，它一刻都不停地完成着自己的使命。

在蜜蜂王国里，种族的爱由一代向下一代传递之时，是以舍弃一个伟大的王国，去新建一个王国为代价的，这种命运的安排是如此的残酷，它们为什么要遵循这种"不合常理"的自然法则呢？其实，这样的事情在人类社会也是有的，只不过范围和影响范可能没有这么大而已。在我们的世界里，没有一种命运会是如此彻底、全面地要求人们放弃和牺牲已有的一切。也许，只是我们人类从未接受过这样一种具有高瞻远瞩般长远的命运安排吧。对此，我们无从知晓，就好像在我们不理解蜜蜂王国这些令人难以接受的法则一样，我们在思考着人类自身存在的意义时，也同样充满了疑惑，也许这一切只是一种偶然。

不得不说一句，我们选择观察的这个秘密王国，从来没有被人为改变和干扰过的历史，当美好的季节不再的时候，再没有光芒四射的艳阳，它掺杂着露水的热情，逼得早早约定的时辰拖延再三。你看那蜜蜡的墙壁之间是金黄的走道，上面布满了为远行而做充足准备的工蜂。它们第一步都是增加自重，使全身带有足够自己食用五天左右的蜂蜜。它们体内所携带的蜜，可以转化为搭建城堡的蜂蜡，而整个化学转换过程却是不为我们所知的。它们自身还带有蜂胶，类似树脂，可以填充和粘接新家园的裂缝，起到加固的作用，同时，使城堡的墙壁变得光亮，并能有效防止阳光直接进入。蜜蜂的大部分工作都是在黑暗中进行的，也许是借助于它无数多面的眼睛，也许是触须，这些都是蜜蜂在黑暗里的引导者，是它们辨别未知世界的基础。

由于这是整个生命里面对死亡的时刻，它们对可能将要到来的灾难是有感应的。它们会为此很苦恼，担惊受怕，唯恐在这么大规模的攸关性命的迁徙中会遇到灾祸。不知道以后的几天里，会不会卜雨，会不会刮风，它们也许会冻死在途中，还有可怕的天气会让花朵都睡去。没有人可以帮助它们，它们也没有理由要求他人的帮助。原因很简单，它们与其他城堡的成员之间根本没有进行过交际，也从未进行过互相帮助。当然，我们可以人为地保留它们的蜂房，同样收留那些被遗弃的蜂王和子民，保留一串串的蜜蜂。若迁徙途中的困难并不是那样的可怕，难以度过，那么它们一定会忘记那个曾经温暖完美的家园，以及曾经有过的幸福与安全感。那么所有子民，即便因为饥饿与寒冷，会在蜂王的面前一个个死亡，直到空无一人，它们也不会私自回到原有的家园。尽管那个家园是它们曾经用生命铸造的，累积着它们辛勤劳作积累的芬芳，如今已是那么富裕而温暖，它们也绝不会再回去。

17

在人类的世界里，这样的事情绝对不会发生，所以有些人认为，虽然蜜蜂的世界令人称奇，但是它们的智慧和可控能力还是缺乏的。那么这是真的吗？其实有些生物处理事情的方法与人类不同，智慧层面不同，但是并不代表它们就是下等的。再说，住在一个小小郊区的人们，难道在精神和道德的判断上就没有过偏差吗？如果是我们，也许不能像它们一样预知并且果断行动，在还没有收到事先通知前，就迅速转移。抑或，我们再大胆假设，在高山之巅有其他星球的物种在观察着我们，人类只是小小的斑点，我们不断地移动，就像我们平日里穿梭街道或者往返城市间的匆忙样子。仅仅这样，那些外星生物就能正确断定我们的品质、智商、思考方式和爱恨吗？总之，他们根本就不可能看到我们的真实面目。我们对于蜜蜂的观察也是一样的道理，我们可以看到的只是其中的一些令人差异的东西，得出片面的结论和判断，都是不够确切的，也许是错得离谱的。

到此为止，作为"黑色小斑点"的我们，并没有彻底表现出人类的道德观点，而蜜蜂的令人诧异的统一传统却是极为明显的。外星人们也许会多年观察并且研究人类，甚至是拿出了几百年的时间，他们会问："这些人类到底脑子里装着什么？他们每天都在忙碌什么？他们为了什么而活着？又是什么给了他们这样的信念？他们信奉某个神灵吗？我们眼中的他们是不是自由而无拘束的？他们常常把刚刚创造的东西又迅速地拆毁，放弃曾经的努力。他们匆匆忙忙，聚散离合，到底是为了什么？他们有时候的举动根本无法理解。比如，其中一些人很少移动，区分他们的只有他们的光鲜外表和庞大身躯。他们居住在很大的楼房里面，如此时尚和富足。他们吃饭总是要用很久的时间，有时候甚至要到凌晨。其中有一些人被周围的人尊重和敬仰，常常从远方的村子里，或者从邻居那里得到礼物。这些人一定是非常重要的人物，人们需要这些人的帮助和扶持，当然具体的扶持内容我们依然不得所知。还有一批截然相反的人，他们每天辛勤地劳动，有的在都是大齿轮的工地，有的是在运送地点，有的在堆满废弃物的房间，有的会从太阳上山到太阳下山都开垦着一块土地。我们认为这样的一群人是被惩罚的犯人，他们只能住在狭小肮脏的房间，穿着粗布衣服。他们似乎对自己的劳动很热爱，从来不会有休闲的时间，而且这样的人数量是前面那样人的千百倍。更加让我们惊奇的是，这样的生命体，如此浑浑噩噩地活着可以一直到今天。不过，说实话，除了他们辛勤地劳动做出贡献，他们没有破坏过任何人，温柔和顺，对于自己的监护者所留下的救济，即使是残羹冷饭也从不嫌弃，安逸满足。"

18

我们假设出另外一个世界的观察角度，恰如我们观察蜂房一样，对于第一个探索性问题竟然得出了如此深刻而准确的答案，这真是不可思议，真的是值得赞叹和庆祝的。它们按照自己的信念和信仰，建造了自己的一切，是让人为之震惊的建筑，似乎都是遵循了它们的习惯和法则，它们的阶级和分工，它们的道德与希望，甚至是它们的残忍和无道。不管从哪个层面，这个神秘物种的神灵都不是我们可以理解和塑造的，也许是唯一没有被人类顶礼膜拜信奉的神灵。这个神灵就是未来。从人类历史研究的角度分析，如何来评价某个民族和群体的伟大与文明，一般都遵循一个标杆，那就是传承理想的伟大与恒久，以及追逐理想同时又放弃。回想过往，我们遇到过更加符合自然意志，更加广义地表现出准确无误、更伟大和无私无畏的理想吗？我们真的遇到过如此英雄主义的气概吗？

19

就是这个神奇的小王国，充满了自己的规划和肃穆，处事严谨老练，信念坚定，依然摆脱不了广阔深远、危险莫测的伟大理想。就是这样的小王国，拥有如此勇敢和低调的子民，饱餐阳光雨露、百花甘甜的乳汁，如同纯洁灵魂的天使，此刻为何要被迫前往？难道是为了追求没有幸福的希望？有没有一个声音可以解答我的疑问？它们勇敢地解决了怎样的困难是我们无法解决的，又是什么样的必然是我们无法面对的？假如仅仅是它们原始的冲动和盲目的跟从帮助它们克服了这样的困难，而非是周密的思考与计划，从而达到了一个必然，那么作为人类，我们要去揭开的又是什么样的谜底？这个神秘而充满信仰的国度，是什么让成千上万的贞女走上了就连奴隶都不愿走的道路？下一个春天、夏天本该都属于它们，只要它们不如此地挥霍自己的体能，忘我地劳作。但是，它们抵挡不了花朵的呼唤，就如同工作狂一样奋力工作，仅仅五个星期，它们就会劳累过度，扯断翅膀，身体萎靡，遍体鳞伤。

20

它们不像其他带有翅膀的昆虫，比如蝴蝶，生活得安逸平淡，为什么要舍弃休息、蜂蜜和欢乐？它们为什么不平凡雅致地生活？很肯定的，并不是饥饿操纵着它们。仅仅两三朵花便可以让它们饱腹，而一个小时的时间它们可以造访两三百支花朵，收集甘甜的财富，而这些它们一生可能都不会品尝到。为何要如此地辛勤和纠结？它们这坚定的信念来自何方？它们为之奉献的新一代是否是更加优秀的一代，更加完美，更加幸福吗？会代替它们完成没有完成的事情吗？它们能得到肯定的答案吗？它们的目的在人类的眼中再清楚不过，比我们自身的目的还要明显，它们希望存活在整个时间里，未来的世界里，可是它们要成就何等的伟大目的？而又是什么方式可以支撑这样的使命，让它永恒更替？同样，这些问题的提出并不是无意义的，提问者并不是任性的理想家，也不是被问题和迷惑困扰的我们，蜜蜂会如何解答？如果它们因为不断地进化而变得强大，更加幸福，如果这已经是最高的巅峰，它们可以操控大自然法则，成为永生的灵魂，接下来的欲望会是什么？该会有何进化？最后它们的居身之所会是哪里？高声宣告世人已经完成了所有的理想。我们天生就是不知道满足的生命，根本不能理解一件事情可以自我包容，只是单纯地存在，并不会超过存在本身的意义。人类臆想过无数神明，有粗俗的，也有殊胜的，迄今为止，哪位是没有被祈求创造美好和生命的，没有除祈求它本身而又怀揣其他目的的？假设有这样一个时刻：在这个时间，人类平静地抽身出离开几个小时，便于在这个世界设定一个有意思的生存形式，几小时过后，大胆地进入另外一种形态的世界，那是个无意识的世界、未知的一切、平静的世界和一成不变的空间世界。这一刻真的会到来吗？

好像我们一直忘记提起那个将要被分蜂的蜂群抛弃的那个城堡，它现在充满一团黑色的拥挤沸腾的喧闹，就好像是艳阳下的青铜器酒杯。正午时分，酷暑难耐，树木似乎都开始想躲避这样的烈日，收回自己宝贵的枝叶，就好像一个成熟的男人，在面临重要抉择前屏住呼吸。蜜蜂奉献出甜美的蜜汁还有完美的蜂蜡，对于它们的主人还有更为重要的礼物，就是它们用自己的方式告诉了这些照顾它们的人，美丽的 6 月已经来临，此时是一年中百花争艳的季节，也是蜜蜂各种重要变化发生的重要月份。蜜蜂好像是夏天里的天使，也是记录夏季重要时刻的时钟，它们的翅膀好像永远不知疲倦，每次拍打都会送出淡淡的芬芳。它们的角色不能被代替，它们是不停晃动的黄线的引领者，是昏睡无力的空气的代言人。它们的飞行是具有美好幸福的象征，谱写着瞬息万变的欢愉的乐曲，就是这样炎热中产生的快乐，会永远地留在阳光下，弥漫在空气中。

它们告诉我们只要仔细聆听一切，就会发现自然界里最美妙和悦耳的轻柔私语、蜜蜜甜言。如果你是个热爱和熟知蜜蜂的人，会知道夏日里不能没有蜜蜂，缺少它们的夏天会变得空虚而悲哀，就好像鲜花没有了色彩，鸟儿没有了歌声。

如果你从来没有看过这么多的蜜蜂拥挤在一个小小的蜂房里，这样的一团混乱场景，一定会使你恐惧和焦虑，一定不敢靠近这神秘的蜂房。你甚至会怀疑自己的判断，难道这就是自己一直密切观察的蜜蜂，没有严谨作风，没有安宁和平，更没有看到勤奋劳作。可是明明刚才它们还在空中列队劳作，犹如合格的主妇，除了手里的家务根本不会注意其他。而后映入你眼帘的就是蜂拥而入，混乱、慌忙、焦虑、毫无方向且精疲力竭的冲动。你也许会观察到，当它们通过大门时，那些守门的女战士和它们轻微触碰头须，表示敬意。再深入，它们卸下所有的收获，全部交给驻守内廷的女门房，也许它们之间会简短沟通。它们希望可以马上到达孵化室的大仓库，只有这样，它们才能卸下腿上的重负，满满两篮花粉，之后的情景可想而知，它们马不停蹄地又一次出发。大门前聚集了很多蜜蜂，但是都有所职，不过它们也会聚拢在一起闲聊几句，这是酷暑里最适合的事情。

今天一切都不一样了。可是，还是会有一些工蜂和平时一样，毫无变化地蜂拥进旷野，一如既往地是和平和爱的使者。它们飞回来时，会打扫周围的一切，远离周围的嘈杂喜悦，专心地照料卵室里的贵族们。这些就是被留下守护城堡的工蜂，它们不需要随族群远走，要留下照顾和喂养成千上万的蜂卵，除此之外还有一万八千条幼虫，三万六千只蜂蛹，其中有七八位的公主。它们是如何被挑选出来从事这个艰苦的任务的？或者说是按什么标准衡量出来的？又是什么层级决定这个标准的？对于我们现在的理解根本无法解答这个问题。它们从来都不会擅离职守，或者偷懒开小差。我是有根据的，因为我多次重复着一个试验，把一些可以着色的物质涂到它们身上以便于区分，然后观察它们，但是在慌乱无序的群体里它们从没有出现。

可以肯定的是，这是一种无法抵挡的吸引力。也许是神灵早就安排好的不由意识判断的牺牲，而且它们是喜悦的。蜜蜂觉得那是个节日，是胜利的标志，是未来的希望。这个日子是快乐的，忘记从前所有的愚笨，这一天是个盛宴，所有同伴都可以载歌载舞，欢声笑语，享受它们的劳动果实。它们犹如刚刚释放的犯人，重新获得了自由，那是一种不能言表的快乐。它们不需要像平日里要按照一定的规定飞行，可以肆意地飞行，往返飞行，周而复始，观察着蜂王的动向，并且调动自己姐妹的积极性，这也是一种打发无聊的方法。它们向着高空飞去，平时根本不会如此，惊动了周围的高大树木发出抗议。似乎现在的它们不存在任何烦恼，不需要面对任何困难。再不是那些爱管闲事，狂躁易怒，忧心忡忡，随时戒备的家伙们了。人类其实只是表面上征服了它们，可是根本没有得到它们的臣服，没有影响到它们的任何生活，而且依旧要遵循它们的各种法规，尊重它们的劳动习性，只能一味追随它们的脚步，它们走的是一条经过任何事物都无法动摇和改变动机的一种智慧，只有它们的生活里才能得到，只有那个最伟大的神灵才能洞察到，因为他的目的永远都是一切服务于更加美好的明天。这一天对于人类是难得的，只有这个时候，我们才能躲开它们的载歌载舞，打开那金色的大门。你甚至可以用手端起它们，奉上一串葡萄，只因这是它们最为欢乐的日子，拥有的只剩下了对未来的憧憬和信任，其他再无别的，所以任何东西都可以令它们屈服，它们也不会伤害和破坏任何东西，只是不要将它们与正在酝酿希望的蜂王分开就好。

在确定的信号没有发出前，一切还是很混乱的，而且蜜蜂们的这种状态是我不能理解和推测的。平时的日子里，蜜蜂回到蜂房后，一般都是不怎么活动的，我一直怀疑也许它们忘记了自己有翅膀，都会乖乖地到达自己的岗位，完成国王交给的任务。今天，它们拥作一团，围绕着金碧辉煌的墙壁不停地打圈飞行，好像有一个具有魔法的手指在操纵着它们。这个王国的内部好像在迅速升温，几乎热到可以看出整个城市要被融化掉了一样，开始松软地挤压变形。平日里只会窝在蜂巢中央一动不动的蜂王，今天也格外反常，四处乱撞，紧张地急促呼吸，它身下就是那些更加慌张狂躁飞行的子民。这难道是它在发出启程的命令？还是它延迟了它们的行程？这是命令，还是一种哀求？这种不能挽回的情感，是来自它本身，抑或它可能也是被这情绪操控的受害者吗？凭借我们对蜜蜂普遍心理特点的研究，认为分蜂的要求对于蜂王来说，恰恰是违反她的意愿的。对于辛苦的工蜂，勤劳的贞女们，蜂王就是爱的器官，是不能或缺的，神圣不可侵犯的，可是它们本身并不具备独立的意识。有时候，蜂王只是个老眼昏花的母亲，可能已经昏庸无道了，但是对它的爱戴和感情依然是崇高而无量的。经过长时间蒸馏几乎是可以完全被吸收的蜜，是最纯正的，几乎只会专门给国王享用。专门有一队昼夜守护着它的护卫队，协助它完成母亲的使命，还会负责打扫产卵的小屋。服侍它的蜜蜂都是非常温柔周到的，不但要伺候吃喝，还有熟悉打扮，甚至娱乐休闲，整理心情，甚至还会消化它的排出物。哪怕它受到微小的波动，消息便会不胫而走，传遍整个城市，无论什么职能的臣民都会在悲伤中奔走相告，往来穿梭。如果养蜂人捉住蜂王后严加看守，然后将它拖到王国以外。由于没有不超过三天的幼虫（由于某种特殊的供养物质，可以将这些幼虫培育成嫡传的新蜂王，这是蜜蜂社会民主的体现，这样便平衡了母性特权的存在），蜜蜂们根本没有新的国王候选人。此外，只要蜂王失踪的信息传播开来，只需要两三个小时，这个规模庞大的王国就会停止一切工作。一些子民会到处乱撞，失去分寸，甚至需要立即去寻找自己的母亲，其他的一些子民也会跟着一起离开蜂房，于是年轻的一代也失去了保护。建筑家园的工蜂会四散奔逃，分道扬镳，那些花朵的使者也不会再继续工作，门口的岗位也找不到哨兵在站岗了。而这就给了那些懒惰的寄生蜂们机会，平日里就靠着掠夺别人粮食过活的家伙们垂涎已久，现在它们可以随意地进出这座城堡，因为已经没有任何的士兵在保护它们曾经用生命换来的财富了。不用太久，整个王国将会变得贫穷，人口速减少后，可怜的民众都会因为饥饿和寒冷，一个一个地离去，即使眼前正值夏日，花朵开得正艳。

当然，在蜂王失踪时间内，还没有造成无法弥补的事实之前，如果它已返回王国并稳稳地坐在自己的位置上后，王国的子民们就不会如此的失望和溃不成军。在这一点上，人类也是一样：长久的灾祸或遗憾会改变他们的智慧，退化他们的个性。经过几个小时的考验，蜂王马上恢复好王位，蜜蜂们会夹道欢迎国王的回归。它们会将蜂王围拢起来，也许是希望可以离得更近，它们会紧密地贴合，互相攀爬，当国王走过时，它们会用长长的触须表达它们的爱戴和敬仰，因为触须里面拥有许多我们无法解释和分析的器官。它们会欢呼着将它拥入王室，并且奉上上等的蜂蜜。秩序会马上恢复，工作也会马上步入正轨，即使是最中央的孵化室蜂巢，最远处藏蜜的仓库，所有地方都恢复当初一样的工作状态。负责收集粮食的工蜂队伍又出去辛勤造访花朵，有时候三分钟就会回来交工，那当然是满载而归，带回了满满的甘露和花粉。那些趁火打劫的强盗早被赶走，街道也被清扫干净，整个王国又一次响起了欣喜的赞歌，响起那虽然单调却温柔的歌声，只有王室成员的到来才会响起的礼赞之声。

很多例子告诉我们，蜂王得到的是众多工蜂子民的绝对敬仰和依恋。即使假设有一天小小的王国陷入灾祸之中，假设那时蜂房和蜂巢都崩塌了，假设是人类愚蠢幼稚的行为破坏了它们的秩序，也许这打击是残忍的，再假设寒冷突然来袭，饥饿笼罩着整个王国，数以万计的子民死去，但蜂王永远都是安然无恙的，即使是活在子民的躯体上，它也是活着的。因为忠诚的臣民愿意为了它们的国王奉献一切，保护它，即使到了生命的最后也会用自己的躯体阻挡灾难，为蜂王垒砌屏障。即使只有一滴蜜，维持最后的生命健康的保证，也是留给这个王者的。无论多么大的灾难降临，只要蜂王还活着，子民们就会觉得这是最大的安慰。即使你故意破坏和捣毁它们的家园几十次，甚至带走它们的后代和它们的财富，也完全不会动摇它们对未来希望的坚定。即使它们困在极度的饥饿境遇下，即使它们已经失去了很多亲人，最后所剩无几的力量已经不能保护它们的母亲，它们还是严格遵守传统的标准，抵挡一切眼前的困难。根据灾难的大小和程度，它们会重现分配工作职责，希望每个成员都可以有沽路，并且永远保持着罕见的乐观、热情、坚强和智慧，马上投入到新的职责岗位中。事实上，大部分的工蜂表现出来的自信和勇敢都要超过困境中人类的表现。

不只是蜂王的安然无恙，可以安慰它们的心灵，使得它们振作，保持爱的力量继续生活。即使在它们即将离开世界的一刹那，只要它知道后继有人，未来是有希望的，这就可以让它心满意足。朗斯特诺斯，现代养蜂业先驱之一，这样说过："我们曾经发现过一个蜜蜂群落，就连三平方英寸的一个蜂房，它们的数量都无法完全覆盖的同时，竟然很努力地去培养一个蜂王。在整整两个星期的时间里，它们都一直等待着一个小小的希望，最终还是让它们等来了，在数量只剩下一半的时候，一个蜂王诞生了，可是它没有健硕的翅膀，不能飞行。即使是这样，子民们依然爱戴和尊敬这个年轻的王者。可是厄运没有离开，不到一个星期，只有十几只蜜蜂还活着，后来，年轻的王者消失了，剩下了绝望和伤透了心的蜜蜂盖在了这个弃城上。"

这里有个展现了子女之爱和高度的无私奉献的典型案例。其实说起来，这是个人为的考验，是我们暴力地干涉了这些坚韧无比的女斗士的结果。许多业余的养蜂人都会让别人从其他的地方带回一些已经受孕的蜂王，我也不例外地得到了从意大利带回的一只。和当地的蜜蜂比起来，意大利的蜜蜂比较温纯，却更加强壮、具有活力，同样高产。我们习惯性地把它放进一个打了孔的小盒子里，之后选出一些工蜂也放进去，有时候会是老一些的（要如何分辨蜜蜂的年龄其实很简单，年龄大的，身体光泽会更好，更薄，头顶几乎秃了，同时翅膀也会有很多由于劳动造成的撕裂），同样准备了食料，再将盒子寄往别处。在整个旅程里，这些工蜂的任务是照顾好蜂王，给它足够的吃喝，并且要保护它。最后，打开盒子的一刻，会发现几乎所有的工蜂都死了。它们几乎都是死于饥饿，但是每次蜂王都是完好无损，而且充满活力，健康无比。而当最后一个工蜂死掉的时候，它会奉献出它液囊里仅剩的一滴蜜给蜂王，在它们看来，蜂王就是希望，是生命的代表，比自己的生命更加宝贵，值得无上地珍惜。

来自蜜蜂的忠诚的友爱被人类发觉后，连同蜜蜂本身的很多优秀品格，人类将其据为己有：那种让人瞠目结舌的政治感，全身心投入工作的热忱，勇往直前的毅力，海纳百川的气度和对于希望的贡献。由于我们了解和掌握了这些昆虫的品质，所有过去的几年里，在它们不知晓的情况下，我们还是驯服了这些难以驾驭的昆虫。当然它们本身是不会主动屈服于任何力量的，它们的奴役状态只有我们才能看到，在它们看来，那就是依照自己的法则做事。如果你愿意也可以这样理解，只要你掌握了蜂王，就好像掌控了这个王国的命脉和灵魂。人类可以随意地处理和安置蜂王，掌控蜜蜂的活动，比如随意增加数量，或者提早让它们出发，相反亦可。人类可以促成群落的统一，也可以分裂它们，同样可以控制它们的集体迁移。事实上，蜂王就是个蒙在鼓里的傀儡，它的意义仅仅是代表了一个原则，一个伟大却不能具体化的原则，而养蜂人可以感知它的存在，并且乐于思考并利用它，从而令它陷入不可预知的危险中。可是蜜蜂并不是容易迷惑的。它们不会不理智地认为，只要有蜂王，就一定是个自主的王国，因为它们认为王国是永恒存在的，并非一定可见的。而蜜蜂这样的固有思想是出自有意识还是无意识的呢？当我们想知道答案的时候，只能表明我们在怀疑是否要崇拜它们。这个问题的价值就是，必须要弄清思想是天生的，还是后天形成的。这种思想有时藏在庞大无边的无形身躯里，有时又栖身于它们小小的躯壳中，无论何处，我们都要加以关注。我们总是把一些观察到的新奇无法解答的事情，归于起源或者部分偶然的情况下，这种习惯使得人类失去了很多得到真相的机会，而整体来看，唯一有益于我们的无非是称赞他人的品格，当然这样的结论，不应该算是时机不当吧？

当然这只是一种推测，不够理性，也太过于唯心。我们也许会这样劝导自己：不管从任何角度考虑，蜜蜂都不会是天生具有这样思想的。无论是它们对未来的坚持，还是它们对种族的热爱，无非都是我们异想天开的想法并且加于它们头上的各种完美品格，其实它们身上的一切都是宿命使然，都是由于生存的需要，抵抗死亡和灾难带来的畏惧，以及收获时候的快乐和满足而形成的各种各样的行为模式。退一步讲，我们就当这是一种修辞方法。这个试验表明的并不是具有多大的意义的事件，就好像其他一些试验的结果一样，只说明，在一定的特别情况之下，蜂王就会得到它子民的特殊对待。其他的事情，我们可以根据自己的想象力，把它编造成神话故事。如果这样来讨论和研究蜜蜂是明智之举，假设我们现在说的是自己，是不是还会有这么多话可以说呢？人类在需求面前也是俯首称臣的，习惯快乐幸福，害怕灾难死亡，而我们归结为智慧的东西，其实就和动物体内的本能一样，相同的溯源和任务。我们总是在做一些事情前就会考虑好结果，其实不然，另外一些事情发生了，我们又找出原因，还自称这是智慧于动物的一点，抛开这样的说法根本没有什么坚实的立场和说服力不讲，这种性质的发生比率就好像同我们不了解的诸多事情比起来，是少之又少的，极为罕见。然而，最后这一切，卑微也好，崇高也罢，了解也好，不解也罢，近到可以触摸也好，远到天涯海角也罢，最终都会消失在一夜之间，而对于如此神秘莫测的夜晚，我们的盲目就如同我们猜测蜜蜂的盲目一样可怕。

就像很多人对蜜蜂的偏见，布封也有他独特而逗趣的偏见，他曾经这样说："在一个单一的层面来看，我们不得不承认，比起狗、猴子等其他很多动物，蜜蜂的天赋差得远呢，它们不会依赖人类，也从不顺从，没有感情可谈。也就是它们的本质与人类差得很远。种种迹象，让我们下了结论：它们的所有品质和特性无非就是群聚的习性，这样的习性根本不是什么智慧的表现，因为没有什么道德规律在其中调解着，它们只是让自己和集体聚到一起，但是并不是真正的团结和一致。所以，这不过是大自然安排的和谐聚会，是物理化的，不是智慧，更没有什么早有的目的。母蜂每次都会在同一个地方产下很多的幼蜂，而假定这些幼虫比我们想象的还要愚蠢得多，它们为了生存，不得不在被设定好的环境成长，它们也会互相问询，由于大家的状况都几乎一样，必须互相帮助才能不会伤害彼此，也就是不得不互助。表面上看，它们是出于同一个目的，很和谐地成长。这就导致了观察它们的人类会觉得，那是智慧和知识的体现。好像所有的动作都是有着智慧和原因的，每一步的行动都是存在着意义的。就是这样的表现，在阶级社会生长的人类就会开始宣布它们是天才，以及不可相信，觉得它们是聪明而理智的昆虫。那么事实却不是想象的复杂，成万的幼蜂同时诞生，也会同时成长，成长为蜜蜂的经历当然相同，即使有其他的情感，它们也不得不有同样的习性，因为生长在一个环境里就必须要协作，建造城堡，出去劳作，飞回巢中，等等。就这样形成了建筑、规矩、远见、对于家园的忠诚，几乎是出现了一个共和国。其实这一切的美好赞美，都只是来自观察它们的人类总结臆想而出的。"

上边的一段评论，明显是与我们相左的观点。偶尔看到，觉得他的论述也是自然的，其实也是因为它根本没有仔细地解释清楚这简简单单的现象。我无意去辩论，分出对错，可是反问一句，难道蜜蜂根据自己的意愿生存，不去伤害和破坏同伴，这样的生存状况不能说明是一种文明的智慧吗？这些成千上万的小小生命，为了同类的生存，要和谐地合作，当我们被吸引去观察研究它们的方法，而真正的方式难道不是令人敬佩与感到诧异的吗？进一步说，难道我们的历史不也存在这样的智慧吗？那么上边的一段观点，难道不是也都可以在人类生活中找到影子？再次强调：假使蜜蜂的一切表现都是由我们赋予的赞美，并非真的具备，那么我们难道不应该主动地开始改变观点和调整立场吗？如果说赞美蜜蜂是不应该的，那么赞美大自然也是不应该的吗？这个时刻终将到来，其中也包括对人类本身的称赞。

不管事实到底会是如何，我们都不能轻易放弃自己的推测，无论如何它都能使我们把自己亲眼见到的事情，按照一定的联系合理地连接起来。无论蜜蜂多么地崇拜和依恋它们的蜂王，都不能超过它们对自己种族的崇敬之情。它们是没有同情心的生物，不管一天多么辛劳地在外劳作，回到王国后，只要是不能继续自己应该的工作，那么都是没有资格呆在家中的，离开是唯一的结果。

当然，它们对自己母亲的依恋不是完全消失的，它们可以找到万里挑一的它。即使它已经老去，病重，门口的哨兵也不会让其他的蜂王进入，哪怕那是强壮的领袖。这也是它们社会制度的一项基础规定，从来不会轻易改变。

当蜂王丧失了它的生育能力时，大多公主就会粉墨登场了，代替它的位置。那么这时候的蜂王要怎么样呢？虽然我们不能给出解释，但是，一旦这样的事情发生，养蜂人就会看到在王国的正中央的蜂巢站着健壮的蜂王，而在阴暗闭塞的小角落里窝着一只年老病弱的老蜜蜂，那就昔日的蜂王，诺曼底人会叫它"旧日情人"。这个时候，必须要提高警惕，保护它不受昔日敌人或劲敌的毒害。蜂王之间的仇恨是刻骨的，它们的手段也是残忍的，如果一个王国出现两个国王，它们就会展翅扑向对方。其实我更愿意相信，这是它们为年老的君王安排的晚年生活，对于阴暗处的它进行了最为贴心的照顾，希望它可以安宁地结束生命。这就是另一个使得我们一直不解的蜜蜂王国中的一个秘密，并且再一次地证明：蜜蜂的特性和本质是宽大而不狭隘的，也不是完全墨守陈规，不可以改进的，当然它们的所有动作都不是我们曾经心目中设想得那么简单。

在蜜蜂的世界里，自然法则是不能违抗和动摇的，而我们却一次又一次地篡改了，把它们放在一个不能控制的位置上，它们的立场是尴尬而不能自拔的，就好像我们的世界里突然没有了地心引力、时间和空间，没有了光和热。我们想尽办法，不管是强迫还是哄骗，在蜂巢中又放进了第二只蜂王，那会是怎样的情景呢？事情将会这样进行：如果是常规的时候，由于有门口的哨兵的看守，这样的情况根本不会发生。那么这样的做法是不是会打乱它们的秩序呢？它们依然可以用自己的方法融合两个铁打不动的原则。第一个原则就是至高无上独一无二的母权制度，即使蜂王再无生育能力，一国两主也是很少存在的。第二条原则让人觉得不能理解，发现的人都会联想到犹太教中的规避原则，在任何蜂王面前，这个原则是不可以被挑战的。蜜蜂们会用自己的毒针刺向入侵者直至它死亡，这是件简单的事情，它的尸体也不会留在那里，必须清除出去。这些随时待命，处于战备状态的毒刺，从来不会对着自己的蜂王。同样的，蜂王的毒刺也不会对着它的子民，甚至任何一个人，一只动物或者其他生物。蜂王从不显露它王室的武器，犹如半月弯刀，而普通的蜜蜂只是直刺，只有到了千钧一发的时刻才会使用武器。也就是说，它只有面对一个蜂王的时候才会亮剑。

蜜蜂的王国中，没有一个有胆量去弑君，这是极大的罪名，没有子民可以承担的。就是这样的原因，所以为了整个王国的安定团结和已有的良好秩序，要求一个老迈的国王去死，它们一定会用心地伪装一切，使整个场面都看起来像是顺其自然，在一番精心的安排之下，蜂王的死根本不会引起注意和怀疑。

让我们用养蜂人的话进一步解释一下，那就是它们会为这位入侵的王者举行一个隆重的欢迎仪式，例如一个舞会，然后将它团团包围，相互牵连着将它挤在中间，丝毫没有缝隙。这个王者就好像置身于一个活动的牢笼中，完全不可能动弹，就这样被礼貌地囚禁着，长达 24 小时，直至它窒息，或者被饿死。

可是如果在舞会上，蜂王驾临的时候，它会马上识别出敌人的气味，然后那些子民会自觉地为它们的国王让开一条路，一场蜂王之间的格斗将要上演，四周充满了火药味。这个战场是勇士的战斗，公平无私，不会有观众参战。因为它们的规矩早就已经订立，刺中王者的剑，只能来自另外一位母亲。一切都是公平的安排，因为只有腰窝中怀有上万生命的伟大母体，才拥有一剑刺死另外与它相同身份的人的权利。

还有一种可能就是决斗双方实力接近，导致整个斗争时间过久，它们的武器都不能一击即中对方要害，而且其中一位明显想要逃跑，这个时候，那个活动的监狱重新将想要逃跑的那位围绕住，虽然是暂时的，但也要其恢复斗志时才能再次打开。这里我们要补充一些实验依据，很多实验都表明，获胜方以当前的蜂王居多，几乎每场都是。也许因为这里是自己的地盘，属于主场作战，周遭的一切都是自己的财富和子民，在心理和勇气上就胜于对方一筹。还有一个原因，也可能是因为在公平斗争之前，入侵者已经被蜜蜂们囚禁，多少会受到一些伤害和恐吓，而本国的国王很少会有过这样的遭遇，这就使陌生的入侵者在开始就已经体力透支，虚弱了。

蜜蜂对自己的蜂王都有一种特殊的依恋，而且可以快而准确地在蜂群中认出它，简单的一个实验就可以作为论证根据。前面的一章我提到过一个场景，当蜂王离开蜂房，立即会出现很多的忙乱和混乱的情况。蜂王在几个小时后回到自己的王国，它所有的子民和女儿都会热情地拥抱她，奉上它们的蜜汁。有一些会给它铺出一条路，而另外一些则会恭敬地低头，腹部挺得高高的，蜂王走过时，它们会做半圆运动，发出崇敬致敬的响声。这声音就像是在演奏迎宾曲，只有在极度兴奋和幸福的时刻才会发出的声音。

但我们不能这样就武断地认为，一个外来的蜂王也能在安全的状态下轻易

地代替 位伟大的母亲。如果是个冒牌货，它会很快被发现，并且会被逮捕，然后等待它的就是活动的监狱，只有到它死亡的一刻，也许是窒息，也可能是饥饿，监狱的墙才自动消失。在这样的情况下，能活着离开的闯入者太少了，几乎是没有的。

经过这样的观察，为了可以骗过这些精明的小东西，我们不得不用出很多的小骗术和狡猾的小手段，才能间接地令它们听从我们的意志。可令我们惊奇的是它们的忠诚度坚贞不渝，即使要面对最为困难的境况，它们也不会怯懦，把所有的意外都看成是大自然无常的安排，或是大自然又出现了致命的新考验，都是不可避免的事件。并且，事实上，即使我们绞尽脑汁用尽手段，但是也都只是一些权宜之计，在这些方法的后边必定是失控的混乱，无论我们的经验多么的丰富，还是离不开蜜蜂令人敬佩的好习惯，以及传统的法则和特质。它们热爱和平、奉献公益事业、忠诚于未来，拥有熟练的力量，它们特质中最为令人敬佩的是无私，总结来说，主要依靠它们劳作时永不疲惫的贡献精神。可是，如果要一一写出这些步骤，那就会成为一篇养蜂的技术论文，这样我们就跑题了。

一般外来的蜂王会被装在铁丝小笼子里，挂在两个蜂巢中间，上面有一道门是用蜡和蜜制成，在工蜂的愤怒后，便要开始咬这个门，里面的囚犯就会被放出来了。这个时候工蜂就会夹道欢迎它们新的蜂王，没有任何恶意。洛汀丁的养蜂场厂长西明斯先生，发现了一个新的安置蜂王的方法，而且方法简单很多，且成功的几率比较大，很多养蜂的人都会采纳。其实很多时候都是新的蜂王的举动使得引入它的整个过程比较难办。它是无法控制的，到处乱飞，希望可以藏匿自己，活脱脱的一个入侵者形象，当然会使其他蜜蜂怀疑，工蜂的检查就更加证明了这一点。按照西明斯的方法，首先隔离蜂王，且断食半小时以上，之后打开蜂房最里面的盖子，把蜂王从一个角放入，可能是刚刚半小时的隔离，它似乎是吓坏了，现在置身一堆蜜蜂之中就会倍加安全；也许是由于饥饿，它乐于接受工蜂奉上的一切美食。工蜂被它的信任所蒙骗，根本不怀疑，以为是一位离开的蜂王回来了，表示很高的敬仰和欢迎。这样好像说明了，和休波的论点相反，蜜蜂根本不能识别它们的国王。当然这两种可能都是成立的，也许真理就会是第三种解释，只是现在还没有出现其他较为准确的解释而已。同样，这样就更加证实了蜜蜂的心理是复杂而多变的，且隐秘难寻。分析过后，我们发现一切都和有关生命的话题一样，结论就是：直到我们发现最为准确的解释，不然好奇心永远会引领着我们。

之前我们说的都是出于个人的情感，在这个角度来说，还可以再提及一句。某些强烈的情感是存在的，的确存在，可是事实上蜜蜂的记忆力又是薄弱的，短暂得惊人。胆大妄为地为它们的王国换上了一个新的统治者，它是一个已经流放多时的母亲，而那些愤怒的子民们则用自己的形式迎接它，你都忍不住想帮助这个新母亲从活动的牢笼挣脱出来。蜂房中有十多个工蜂住的小室，它们却经常将这些房间改建得像皇宫一样的奢华，它们的未来永远都不会是遥不可及的。蜂王就是它们未来的象征，也控制着它们的情感，起伏不定，高涨或者减弱。所以，人们会在观察中经常看到，当一个新的蜂王在"婚飞"的仪式时（后面会有具体讲述），它的子民都会极为紧张不安，害怕会再见不到自己的国王，它们希望可以陪伴它，一同面对这极为悲伤、遥远的爱的欲望。只是，这样的事情却是永远不会发生的，如果它们捡到了一小段蜂房，其中包括了孵化室，它们可以充分利用来培养新的一个蜂王。实际上，它们的情绪是多变的，如果蜂王没有足够的能力可以担当未来的期望，子民们极有可能会变为愤怒和怨恨，对于蜜蜂来说，这个抽象的责任是很严肃且重要的，远远超出我们的想象。比如，有的时候在一些情况下，养蜂人为了可以将蜂王和其他蜜蜂分开会使用各种方法，也许是再把一个格子架插入蜂房中。工蜂可以利用自己灵巧和细瘦的优势，从中间穿过，不易被人类察觉，但是对于比其他蜜蜂更加肥硕的蜂王来说，那却是不可能逾越的障碍了。工蜂发现蜂王并没有和它们一同，就会返回，把这个统治者当做囚犯一般斥责，甚至推搡和冲撞它，怀疑它是不是太过笨拙，或者是已经头脑晕眩。再次离开时，又一次发现蜂王依然没有跟上，那么，它们开始确信自己的想法，这次对于蜂王的冲击就会更加强烈了。最后，它们仍旧发现同样的情况，情形更加严重，对于种族的未来更为担忧和没有信心，因而后果变得无药可救，它们使用活动的监狱处决了这个王室成员。

由此看出，未来的希望对于蜜蜂来讲是最为重要的，它们具有预见力，并且有了合作的品质，还可以将一些解释事件变作自身技巧的优势，每每想起它们是如何对待被我们改变的自然事件时，我们不得不发出敬佩的赞叹。让我们换一种说法，在上一个例子中，工蜂因为它们的蜂王没有能力跟随它们，做出了不准确的判断。可是，反过来想想，如果是我们，被比自己高了一个等级的生物所操控，智慧远远高于我们的生物为我们精心设计了一个陷阱，难道我们的洞察力就一定会胜过蜜蜂吗？对于雷电的产生，难道我们不是经过了长达数千年的研究才得出了正确合理的解释？当一个领域的智慧刚刚萌发，却要面对根本不由自己掌控的事情时，总是会觉得力不从心，也难免会作出错误的判断。当然，如果蜜蜂经常会遇到上面所提到的陷阱，时间长了一定会有另外一种情况发生，那就是它们发现了陷阱，并且会发明一种方式很好地规避和解决它。就像是它们已经熟悉了可移动蜂巢的运行原理，了解了强迫它们把多出的蜂蜜释放在那些对称放置的小盒子的各个结构。蜡基革新就更加复杂了，蜂巢仅仅依靠一个蜡质的圆周，它们很快地也学会了利用它的便利优势，极其小心翼翼地延伸了蜡的范围，构造了更加完美的巢穴，同时又节省了劳动力和时间成本。除了一些恶意和不良的人为陷阱，蜜蜂总是会很快地找出自己的方法，并且一定是最好的，最人性化的。

下面我们再来介绍一个例子，这是一个大自然中发生的事实，但同样也具有异样的情况。具体地说，就是当蜂窝里面突然闯进了一个庞大的入侵者，比如老鼠或者鼻涕虫，毫无疑问，入侵者的下场一定是死亡，而要如何处理也许会毒害它们家园的尸体却成了问题。移动和肢解这么大的尸体是不太可能的，只好用其他的方法。它们用蜂胶和蜂蜡制作了一个坚固的棺材，利用密封的形式将它包围，一个普通的城市里有这样的棺材当然会是比较显眼的。去年，我在一个蜂窝里发现了三个这样的棺材，紧紧挨着，中间被界墙隔开，和一个个小室一样。这样的方式也是为了节省蜂蜡。这是给三只被孩子扔进蜂窝的蜗牛残骸建造的小坟墓，如果在平时，它们只是用蜂蜡把蜗牛壳口封住而已，简单很多。但是这三具尸体的表面有很多裂纹和破损，考虑到也许会使它们修建的走廊空气受阻，所以就进行了比较全面的处理。当然它们修建的走廊都是根据具体的情况，一般都是按着比普通蜜蜂腰身大两倍的公蜂的身材来修建的。这个例子，还有下面我们要说的一个例子，都可以说明它们一定会发现蜂王被困在格子架而不能跟从工蜂的真正原因。它们对比例和空间都有准确和极好的判断，这是方便自己活动的最基础的天性。凶险飞蛾"死亡之头"阿特罗伯斯经常出没的地方，蜜蜂为了阻止它的闯入，会在蜂房门口用蜂蜡建造小立柱，而且是有严格的尺寸要求的，必须可以卡住入侵者的肥大腹部，从而不让它进入。

　　这里我们已经用很多的例子说明了这一观点，如果要讲出所有的例子，那么我就不用做其他的工作了。现在我们回到蜂王的话题上来，要讨论它在整个蜂巢中到底扮演怎样的角色。对蜂王的位置最好的描述就是，它是整个王国里的心脏，整个王国的智慧都是围绕着这个中心。作为独一无二的统治者，同样也成为了王室的仆人，对整个族群都有责任，它代表着爱与不得不承担的责任。蜂王的子民对它的崇拜和供养，都是出于对整个种族的崇敬，它心知肚明，它们真正崇拜的并不是它本身，只是它的使命而已。这极像人类的共和国，发现这样的社会是不容易的，整个方案都是来自整个星球的欲望。这样的一个民主政治体系，也是得来不易的，如此的独立和理性，其中包含的服从，也是具有极大逻辑性的，更完美统一。这是要付出一定代价的，因为你在其他地方看不到像蜜蜂社会中的彻底牺牲和痛苦的奉献，千万不要误会我的意思，这样的牺牲是值得称赞的，但是绝对不会发展成为羡慕的高度。如果可以用更少的痛苦和牺牲来换取同样的成果，那就是最完美的事情了。从地球的计划层面看，这个原则一旦可以为人类接受，那么整个组织构成形式便会引起我们的注意和研讨。现在我们抛开人类的真实社会情况不说，单单看蜂房里的蜜蜂所能维持的生活状态，就可知它们的生活根本谈不上快乐，它们只是为了生计和繁衍，不得不做的妥协和让步，其中都是酸楚的时刻。在蜜蜂社会，它们认为责任是要共同承担的，必须分配到每一个个体，公平而直接，偏向于无限扩展到创世纪的未来。就是这样的一个未来的希望，它们愿意放弃个人的权利和大部分的快乐。蜂王的生活里没有自由，没有阳光，没有了爱和作为母亲的愉悦，头脑中只有浆液，将所有的精力都投放在生殖器官上，而工蜂正相反，它们要把一切精力奉献给大脑和智慧，生殖器官加速萎缩。如果你认为那都是无意识的放弃和妥协，我认为你的想法是欠妥当的。因为经过观察，我们发现其实只要按照皇家的方法培育，每一只工蜂的孩子都有成为蜂王的机会。同样的原理，按照工蜂幼虫的培育方法，施加到王室子孙身上，住处同样缩小，它们也会成为一只工蜂。这样的奇妙选择每天都会发生在这个被金色笼罩的城池中。我们发现这种选择并不是偶然事件，而是出于一种智慧，来自更深层次的忠贞、严肃和永不消失的警觉性。这智慧不只是会创造，而且会选择性破坏，昼夜不休地警觉着王国内外发生的一切。假使忽然漫山遍野盛开了鲜花，或者蜂王老态龙钟，再或者生育能力下降，再也许人口急速上升，居住成为问题，我们观察到，这个时候蜜蜂们开始努力喂养王室成员。相反，没有理想的收成，城市扩大了，这些皇族后裔也许被处死。当然还有进行婚飞仪式的小蜂王，由于年纪尚小而且生育能力没有完全生成，可以被保留下来——但是如果是婚飞仪式结束，而且有受孕的迹象，那么它们的死期也就到了。这虽然是残忍的，但是这样的智慧行为可以平衡当下和未来，宁愿相信未知的希望，也不要已经存在的一切，我们都无法解释这样的智慧从何而来。这不知出处的谨言慎行，它抉择和舍弃，它提高和压抑，多数谨慎的工蜂的态度才能制造出如此多的蜂王，而更多母蜂的谨慎才能形成这样发达严谨的民族。这样的严谨又是从何而来呢？前面已经提到过了，它应该就来自"蜂房之灵"。那么现在我们要考虑的是，如果没有工蜂的集合，要去哪里找寻这样的蜂房之灵呢？如果要是知道它的确切所在，我们就不需要再去研究这个神秘王国的习性和特点，把那个处女工蜂那颗经历风雨，几乎是和蜂王一样空洞的头颅，还有公蜂那拥有 26000 只眼睛的巨大头壳，一起并列放在显微镜下就可以了，有一些昆虫学家就是这样做的，比如杜佳丁、布兰德特、吉拉德、伏格尔等。就是这样一颗小小的脑壳，我们将会看到的是蜜蜂王国神秘的机制：它是完美的，漂亮但是复杂。我们在不同的角度来看，作为一个系统，它是除了人类大脑外最完美的，没有其他的可以相比。这里就如同我们在其他任何一个地方所了解的，大脑的存在，就代表了权力和威严的存在，那么力量和智慧必定是不可缺少的。这就又一次证实了，组合和战胜物质的，可以骄傲和永远地立足于空洞和死亡、震惊和愚钝的力量之间的，一定是某种神秘物质中隐形的原子。（杜佳丁的研究表明，蜜蜂大脑的重量占整体重量的一百七十四分之一，而蚂蚁是二百九十六分之一。另外一点，一般大脑的发育会和智慧战胜本能的比例相同，但是其重要程度在蚂蚁中远远胜过蜜蜂社会。所以他根据这些数据得出结论，蜜蜂和蚂蚁在智商方面应该不相上下，当然数字只是一个假设，况且这本来就是一个极为含糊不清的研究课题。）

现在回到起初提起的即将出发的蜂群，这时，蜜蜂们已经收到了分蜂的命令，根本不给我们可以思考的时间。这个信号的发出是突然的，瞬间整个城市的大门都敞开来，疯狂的冲动充满了整个城池。一群黑色的蜜蜂在疯狂地分泌黑玉，具体的倍数永远取决于到底是有多少个后门。犹如湍急、不安定且连续的河流般的黑玉，一下子满溢而出，整个空间都是悸动的氛围，无数忙碌和透明的翅膀被组织起来，同时发出一样悸动的声音。蜂房的上空会有一段时间被它笼罩，发出的飕飕声充满着耳畔，好像是无数的电化手在不知疲倦地编织和修补着蛛丝。它此起彼伏，抖动不停，空中漂浮着轻薄美丽的面纱，在空中飘荡，就在蓝天和花丛间，等待着重要时刻的到来。最后，相对的四个角一起一落，如同阳光下金光闪闪的披风随风飘摇。四角同时浮起就如同有魔力的飞毯，在魔法的操纵下在上空飞动。它随时要调整自己的飞行方向，所有的思想似乎都被毯子的皱褶掩盖了，偶尔直冲向柳树、梨树或者橙树，因为它们紧紧跟随着蜂王的脚步。每次富有节奏的震动停止，都是因为蜂王的原因，就好像站在一颗金色的钉子上方，就像是用金光闪闪的珠宝点缀得一样璀璨。

这是不能阻拦的骚动，这是一张充满愤怒和恐吓的帘子，这是可以附着在任何事物上的金色冰雹。突然停止了一切动静，沉寂下来，变化成为温柔、和顺的蜜蜂，这成千上万的纹丝不动的小黑团，高垂在枝头安静地等待着，等待那些勇敢的哨兵带回来消息。

这就是"主群"，它的顶端永远是属于老蜂王的，当然刚才的现象也是它的第一阶段。通常情况下，它们休息的地方都是附近的灌木丛或者树枝上，第一是由于蜂王本身夹带的蜂卵太多不能飞得太远，第二是因为婚飞或者前一年飞行后，一直处于黑暗中，几乎不会使用翅膀了，所以由于对高空的惧怕也不能走得太远。

戴着大草帽的养蜂人早就等在那里，帽子是用来保护自己（防止温顺的蜜蜂和头发纠缠在一起，而导致它们发狂地使用毒针），他等着蜜蜂全部聚拢起来，经验丰富的人一般就不会再佩戴面纱和面罩。他先把胳膊放入水池里浸泡，大概到手肘的高度，之后便可以汇集蜜蜂了。将蜂箱倒置在有蜂群的树下，然后拼命晃动树枝，一串串的蜜蜂就像成熟的葡萄，掉落在底部的蜂箱中。还有另外一种情况就是树枝太粗壮，他们会用一个大勺子在蜂群中央搅拌，然后搅上一大勺蜜蜂，放到任何容器都可以，就像修脚师在你脚板上挖去鸡眼一样。根本不必害怕落在胳膊或者脸上的蜜蜂和四周嗡嗡的叫声，那是它们的狂欢曲，不是愤怒的叫喊。你可能会担心蜂群会被激怒，或者四散飞去，逃避捕捉。根本不必有如此担心，我再次强调，这一天是蜜蜂的狂欢节，没有任何事情会打扰工蜂的喜庆之情，它们的活力全部被激发出来。它们远离了自己曾经守护的财富，所以对于它们，再无敌人可言，也许是一种幸福感让它们变得温柔起来。这样的幸福到底来自哪里，我们无从知晓，只能设想是它顺从了自己的规则，完成了自己的责任。大自然总是利用某种生物去实现自己的目的，从而也会赋予它们莫名的喜悦感。对于蜜蜂在此刻就是大自然的玩物，我们丝毫不觉得奇怪，因为在过去的几百年里，人类一直在研究和洞察大自然的所有举动，我们的思维自然比蜜蜂要缜密和完美，即使这样，我们依然会被自然愚弄。我们一直有一个迷惑：大自然到底是仁慈和善的，还是残忍卑鄙的？蜂群总是会停到蜂王着落的地方。蜂王如果单独飞回蜂箱，那么所有的子民都会得到国王撤离的消息，迅速排成黑色的队伍跟随在后面。它们急切地想围绕在蜂王身边，但是在新的住所门前，大多数蜜蜂会停滞不前，盘旋片刻，围成严肃庆典的队形，这就是它们庆祝幸福事件的传统习惯。法国农夫认为那是它们在武装自己的力量。之后它们纷纷入住到新的家园，就连偏远的角落也会侦查清楚。新家的颜色、形状，以及王国坐落的地点，都被它们牢牢记住在脑海里，它们恢复了原有的谨慎和严谨。新城市的邻近地标被所有居民熟悉，它们开始着手建造新的城堡。城墙边回荡着它们为王室成员演奏的爱的交响曲，而一切工作马上要拉开帷幕。

如果蜂群没有被养蜂人人为地收集，那么它们的历史就不会这样结束。蜂群在工蜂返回前，一直都会挂在树枝上等待。在分蜂的一刻，工蜂就成为了勇敢的侦察兵和探路先锋，四散开来地飞去，寻找新的适合它们的新家。它们不是一分蜂回，而是找到了新家地址就返回复命。我们并不是蜜蜂，不能深刻地理解表达它们的想法，所以只能用人类的方式来描述。经过我的推测，可能是这样的：每个侦察兵的报告都是缜密的，也会引起公平且认真的关注。它们会分别描述自己找到的地方的优势，比如也许是个空树洞，也许是陡峭的悬崖的裂缝，再有可能就是个空洞的山穴，更可能是一处被人类遗弃的破屋。接下来，它们会认真仔细地考虑决定，直到第二天的清晨。当然最终的决定一定是全体成员都同意的一个新住处。之后一个出发的命令下达，全体骚动起来，分为几个团队，开始一个漫长而又危险的旅程，任何困难都不能阻挡它们对新家的向往。它们会多次调整航线，穿过篱笆和原野，飞过湖泊、海洋，穿过农田和村庄，向着心中的目标前进，即使是个遥远的地方。所以对于我们，蜜蜂的第二阶段是很难跟踪观察的，因为我们无法紧密地跟随和找寻它们的新住所。

第三章　帝国的基础

现在让我们回过头来看看被养蜂人收集来的这个蜂群的情况吧。当然，我们必须要记得，这五万只处女蜂都是作出过极伟大的牺牲的，就像诗歌中颂扬的那样："弱小的身躯中跳动着真诚伟大的一颗心……"

蜜蜂降临到一个荒芜之地后，辛勤勇敢地开始新生活的精神是值得我们再三歌颂的。它们的记忆里没有曾经的辉煌与胜利，忘记了曾经富足且有序的家园，每一朵鲜花都寄托了它对阳光的依恋，可以勇敢地面对寒冷的冬天的到来。那个曾经是它们的家里，现在住着它们千千万万的子女，它们也许永生不得相见。你很难想象它们的付出和牺牲，不光是一起努力得来的花粉和蜂胶，而且还有它们辛勤动作的成果——60公斤的蜂蜜。不要小瞧这些蜂蜜，这是所有蜜蜂的重量的12倍，单一蜜蜂体重的60万倍。如果核算成我们的比例，就好像四万两千吨的食物，就好像放弃了一支满载我们所有补给的营养品的万吨巨轮组成的庞大舰队。由于蜂蜜是液体营养品，很容易被吸收消化，没有浪费，对于蜜蜂，它就是甘甜乳汁，培育着一代又一代。

这是片新的荒地，没有蜂蜜，没有蜂蜡，没有任何指示标识，没有任何制高点。可以看到的只有四壁和房顶，就是个庞大的遗址，空旷得吓人，如同置身于一片黑暗之中，上空悬着空洞虚无的穹顶。就是这样的环境，蜜蜂依然照常工作，毫无阻碍，没有任何怨恨和遗憾，似乎它们的神经里就没有悔不当初的概念。除了蜜蜂之外，我可以想象到的其他生物一定没有如此的勇气去面对这样的挑战和生活，相反的，蜜蜂的情绪更加高涨了。蜂房的位置已经确定，刚刚降落时候的混乱已经开始调整好转，这时候最为清晰和始料不及的转变展现在我们面前，一塌糊涂的混乱迅速按照秩序划分开来。绝大部分排成了纵队，接到命令后开始在竖墙向着圆顶爬行。第一批之后，有意思的现象出现了，它们到达后会用后腿上的夹子紧紧攀附，之后的伙伴到了，就纷纷挂在它们的身上，然后就这样一个一个地攀爬上去，最后变成一串一串的链子，成了后者的活动梯子。蜜蜂越来越多，这样的链子越来越多，它们互相依附，互相支持，纠缠在一起，慢慢形成了环形的链条。一层一层的蜜蜂爬上去，会变成一个宽厚的三角形帘子，也许像是倒过来的圆锥体，从圆顶开始向下垂着，一直到整个王国的二分之一甚至三分之二的位置。不知道何时有一个无形的命令使得最后一只蜜蜂到达这面帘幕上，这次巨大的有规模的攀爬才算真正地停了下来。之后陷入一片寂静，没有任何的动静，整个圆锥体都倒挂着不动，似乎在等待着，等待着宝贵的蜜蜡出现。

对高高在上的蜜蜂来说，留在蜂房底部的蜜蜂们根本没有任何羡慕和嫉妒，它们根本不在乎上面令人感叹的巨大帘子，甚至金黄色的神秘礼物在缝隙中流出。它们有自己的任务，就是审查整个城市后开始有条理的工作。蜜蜂是极为重视环境卫生的，它们认真地打扫，移开一根根的枝叶，扫去一粒粒的小沙，任何杂质在它们的王国都不被允许，这也许是严重的洁癖。冬天可能会影响它们的大扫除，蜜蜂宁愿集体死于寒冷或者肠道不适，也不能允许自己的城市被垃圾淹没。其中最不在意的也许就是公蜂，它们就像邋遢汉，到处排泄，工蜂只好在后面随时清理。

底部的成员在认真打扫之后，还有其他的工作要完成，它们开始更仔细地观察公共区域的环境，每一个裂口和缝隙都要缝补好，再用蜂胶盖在上面，而且要开始为墙壁打光了，从上到下。有一些就被派去门口做了哨兵，过不了多久，会有一部分工蜂将奔向田野里盛开的花朵，带回第一批花粉。

不要以为那倒挂的圆锥是它们的游戏，那后面隐藏的才是真正的王国根基，在揭示真正幕后的秘密之前，我要先介绍一些概念，是有关这些新移民到了新的家园而做出的勤奋努力，以及它们准确的眼光与计算。首先，在一片空旷的地区，它们要先做出一个完美的规划，而且准确地做出标注。它们还会精确计算出如何才能达到最好的效率，用最经济最快速的方法建造出设计好的建筑物，主要原因是蜂王已经开始产卵，现在满地都播散着王室的血脉。而且设计的建筑物是复杂的，如同迷宫一般，不但要精密而且要考虑很多实际问题，比如通风、稳定、牢固。当然必须要考虑的还有蜂蜡的强度，需要保存食物的性质，以及蜂王的不同阶段需求。大街小巷和仓库房间都要方便进出，布局合理，这是非常有难度的工作。实际上，太多的问题需要考虑进去，这里就不一一列举了。可是从另外一个角度说，其实一切都是安排好的，或者说是它们的天性就具备的，已经是最佳的方案了。

　　其实人为建造的蜂房形状是多种多样的，亚洲和非洲地区一般还是倾向于使用空心树或者陶器之类，还有用稻草扎起来的钟型罩，你可以在农场厨房的房檐下或者花园里，再有就是窗台上看到这样的蜂房。如果你仔细看向日葵、蜀葵等，很多夹竹桃属植物下面都有废弃的蜂房，那些其实都是人为的现代蜂房。这种蜂房的承重要比普通的大，大概可以承重150公斤的蜂蜜，有三到四层的重叠蜂巢，都在一个格子架里。不要小瞧这样的装置，它可以利于蜜蜂的移动和运输，人们也可以利用涡轮机离心力原理提取成熟的蜂蜜，然后再次还原不被发现，好像图书馆一样。

　　人类总是随着自己的意愿或者奇思妙想来改变其他生物的环境或者状态。有一天，我们可能会把蜂群放进这样的居所中：这里，蜜蜂可以在某种程度上掌控自己的位置，熟悉道路，慢慢地确定自己的新家，随着自己的意愿去改变或者建造客观上本不允许存在的建筑物。虽然是个陌生的地方，但是也可以找到一个冬季储藏食物的地方，也要自己确定孵化室的地点，位置很重要，不能超过排放热气的区域，当然门口和过高过低的地方都是不合适的，不然一定会有危险发生。看那棵又长又细的倒下的树干，对于蜜蜂那是寂静的走廊，它们会发现自己置身于一个尖塔式结构中，一切都在寂静中消失。我们现在来说另外一个例子，用以说明蜜蜂会对什么感到惊讶。长时间以来，蜜蜂的住所都是在我们乡村的草屋顶上，而现在它们面对的是新的环境，新家像个巨大的碗，更像工具箱，对于它们来说，这个新家比从前的大了三四倍，它们要在一个个的隔间中行走，而且都是平行的装置，有一些是垂直向入口的，它们感到迷惑不解，这些东西是怎么挡在自己住处的表层的。

不管环境多么奇特，让它们不能理解，但是它们依然记得自己的责任，而且会一如既往地去完成，它们从不因新的问题或者环境让自己心灰意冷，失去希望。我找不到任何实例来说明它们的不积极向上，除非新的环境中有难忍的异味，或者根本没法容身。无论多么恶劣的环境，它们也从没放弃和气馁，谨记自己的使命和责任，相信希望。它们会迅速再次寻找附近可以栖身的地方。在这样的情况下，人们从来没有发现过它们会做出不符合蜜蜂逻辑和规矩的事情，似乎从来没有过不符合传统的愚蠢行为。在最后的决定下达前，它们从没有失去过理性的控制，建造不符合规格的建筑。人类尝试性地把蜜蜂放在不同形状的容器中，比如球体、立方体、金字塔型，甚至是多边形的篮子里，几天之后，再次看到这些小东西时，你会惊奇地发现，它们已经接受了这个奇怪的地方，并且用它们的方法找到了最合适它们的地点开始搭建城池，它们的根据也许是缺乏弹性的，但结果却是生动存在的。

我们将蜜蜂放进刚刚提到的很多框架的工场里，它们似乎并不紧张和慌乱，而是对这些框架很感兴趣，一切都是为了回到自己的巢穴，它们想在这些框架中找到自己的出发点。说实话，它们根本不会关注人类的安排和意图。可是，如果细心的养蜂人用细小的蜡条封住格子间的边缘，它们很快会被这蜡条所引诱，并且小心地移走，用自己的蜂蜡来代替，并且会加长巢穴。现代的养蜂业经常会发生同样的事情，在聚集了蜂群的蜂房里，若从顶部到底部都用蜡盖住了，它们不会浪费自己的精力和时间去重新改造，但是若只是一半的工程，它们则会自发地去改进和延伸整个工程，即使是稍有偏差的垂线也要重新调整。如果按照这样的程序和时间，不到一个星期，它们可以重新建造出和它们曾经离开的家园一样奢华和完美的城池，当然，如果只是依照它们自己的所带资源建设，还是这样的一个庞大和宽敞的空间，那估计最少也要两三个月的时间才能完成。

　　蜜蜂的适应能力绝对是一种超出本能的智慧，而我们武断地区分了恰当的本能同智慧的区别。约翰·路博客爵士观察并研究蜜蜂、蚂蚁和黄蜂而得出的结论非常有意思。他觉得，针对蜜蜂放弃日常劳动的那一刻来看，它们根本没有识别和推理能力。可是在我看来，他对于蚂蚁有某种程度的偏爱，当然他自己可能没有察觉出来，因为他对蚂蚁是褒奖有加的。我们完全可以理解，因为每个昆虫学家都有可能对自己关注的昆虫，看做是比其他昆虫高级一等的生物，我们也必须注意和防范自己犯同样的错误。约翰爵士为了证明自己的看法，引用了这样的一个例子，我们也可以随时去尝试这个实验。我们找来五六只蜜蜂和同样数量的苍蝇，将它们放进玻璃瓶子中，然后瓶口朝向屋里，瓶底朝向窗户一面，你会看到这样的现象，蜜蜂会一直冲撞瓶底试图穿越，而不到两分钟，苍蝇已经找到了瓶口的方向，纷纷逃出。就凭这个实验的结果，约翰爵士得出了他的结论：在解决问题和寻找出路方面，蜜蜂的智商很有限，而苍蝇却略胜一筹。可是这个结论并不是严谨而不能反驳的。如果有足够的耐心，让我们继续这样的实验，将瓶子旋转20次，时而瓶底冲向窗户，时而瓶口对向窗户，你会发现，每一次蜜蜂都会向着有光的一侧。而在约翰爵士的试验里，失败的原因很简单，就是蜜蜂喜光，这也是蜜蜂的智慧所在。在它们的思维里，无论监狱是什么样的，那么出口一定在光亮的一侧，它们当然会按照自己的判断去行事，并且一直贯彻这个符合逻辑的原则。蜜蜂是属于大自然的，它们从来没有想过有什么事情不是大自然的神秘安排，更不要说这样的突然发生的试验事件，同样的，它们的智慧也在不断提高，也更难去接受这样的奇怪的障碍安排。而在我看来，苍蝇却是愚蠢的，它们不管什么情况下，都是不管逻辑，忽视光的召唤，只是一个劲儿地舞动翅膀，用头乱撞，最后凭借运气逃出重围，这就是头脑最简单的表现了，完全凭借的是运气得到的自由。

同样是约翰爵士，还在美国著名的养蜂专家朗斯特洛思的话里面找出另外一个证据，来说明这位像父亲一样值得尊敬的养蜂人钟爱的小昆虫是没有智慧的。

"苍蝇不是靠着鲜花生存的昆虫，而是靠几乎腐烂的东西为生，它会习惯地停留在盛有液体容器的边缘，机警而享受，而蜜蜂则会一头扎进去，最后淹死。蜜蜂们并不会因为它们同伴的命运而停下脚步，却是跟随做出同样的举动，结局就是一同赴死，悲惨收场。如果你见到了饥饿的蜜蜂攻击糖果店的事件，你一定会确信它们是愚蠢到家的飞虫。我就见过千万只蜜蜂在糖浆中挣扎，奋力拼搏过后还是都死在了里面。即使是滚烫的糖水，蜜蜂也会一头扎进去，地面上都是它们的尸体，窗户几乎被它们遮蔽了光线，有些在爬，有些在飞，而身体裹满了糖浆的则什么都不能做，大概只有十分之一的蜜蜂可以安全地把战利品最后带回家中，如此惨烈的战场仍然不能阻挡天空中一批又一批的没有头脑的来送死的蜜蜂。"

上面的例子在我看来根本不成立，或者是说明不了什么，如同在战争中出现的情景一样完全没有意义，就好像一位观察者，执意要确定人类理解能力的局限，而酒精的损害是不成立的。其实很大程度上说，意义更小，因为如果和人类社会比较，它们的处境和世界比我们要奇怪危险得多。蜜蜂的世界本就是大自然，没有完全的好坏和意识分别，并不是被规定生活在一种奇怪的生物周边，这些生物还会为了自己的目的去改变和破坏它们原有的规律和生活，制造浮躁而不能被解释的事件。让我们回到自然秩序中，将蜜蜂放入本该属于它们的丛林中，它们疯狂行为的理由只有一个，就是某个事件突然毁灭了它们的城堡和家园。可是即使是如此，也不可能出现可恶的玻璃、滚烫的糖浆、诱惑的甜品，由此可见，动物除了本能地为了觅食而处于危险外，没有生物是为了迎接死亡和困难而存在的。

让我们设想一下，如果有未知的力量给我们设下了很多奇怪的圈套，就人类而言，我们是不是可以像蜜蜂一样沉着冷静，荣辱不惊呢？在我们责备蜜蜂的愚蠢前，我们必须要明白这种愚蠢是我们强加给它们的；也不要武断地嘲笑它们的智商，因为它们根本没有专门地训练去躲避和应付我们设下的圈套和陷阱，就好像我们的智力，到现在也不能解释和逃避那些高于我们的未知存在的力量创造的事件。因为我们现在并没有证实比我们高等的造物者的存在，所以就认为我们已经站在了生命架构的顶端。可是这样的认识并不是没有漏洞的，不能完全被承认。并不需要假定这样的现象，当人类做出不合理或者卑鄙的事情时，就像落入了一个设好的陷阱，那么有一天也许真的可以证明这样的造物者是存在的，也并非不可能。另外，如果只是因为蜜蜂现在不能理智地将我们和大猩猩，或者黑熊区分开来，就认为它是愚蠢的，这也是人类的不理智。不能否定，就在我们周围和内心中，有某种强大的力量和影响力，是我们无法辨别和控制的。

以上一段驳论，多少也犯了约翰爵士的同样错误，最后让我来结束这个论述。我想问：可以犯愚蠢的错误本身难道不说明是有智慧存在的吗？因为只有这样才说明它处于一个智能未达到的层面，而那就是物质威胁到人类的状态。智慧的光芒也是激情的光芒，没有人可以看清楚这光芒是火焰上的烟，还是来自灯芯的油烟。上面蜜蜂疯狂冲向蜜糖，并不是出于对食物的欲望，它们的蜂房仓库里存有很多，它们可以悠闲自在地获得。如果我们找到类似的情况，并且跟踪观察，会看到这样的情景，它们会灌满自己的行囊然后迅速返回王国，把自己的收获奉献给国库，然后就这样往返，一个小时 30 次，不厌其烦，不知疲倦。它们这么做的原因只有一个目的：尽可能多地把财富留给同胞和种族的未来。如果人类做出了同样的愚蠢的行为，而原因也是相似的，那么一定会取一个适当的名字来赞颂。

我们必须做到要讲的都是实话，不是推测和编造。蜜蜂的一切创造、勤奋、战略和牺牲都构成了很多的奇迹；而其中有一件事情大概会影响我们对它们的看法，就是它们对待同类的死亡和牺牲几乎是极度冷淡的。这就是蜜蜂性格中的双重性。城池中的蜜蜂都是相互友爱、合作无间的伙伴。它们团结一致的行为和品格让我们觉得是出自一个思想灵魂。可是一旦到了城墙的外面，它们似乎会瞬间不认识彼此。无论你是踩死它们，还是毁坏它们的肢体，让我们还是直接表达吧，那就是无论你做什么，都是没有意义的残忍，因为什么都不会有改变——比如你就在距离城墙三两步的地方杀死刚刚飞出的蜜蜂，那些没有受到伤害的蜜蜂根本不会做出任何反应，连头也不回地飞走。它们依然还是记得自己的任务，安静地吸吮对于它们比生命更为重要的液体，根本不会注意和感受到身边经受折磨的同伴的半点儿痛苦，那似乎都和它没有关系，即使是同伴的哀号也不会进入它们的耳中。更令人震撼的是，如果王国中的储备告急，它们会疯狂地收集所有的食物，那是不惜一切代价的行动，它们会爬上同伴的尸体取得它们身上的蜜汁，更甚者会爬到将死的同伴身上，不顾及它们的痛苦，只是一味地去抢夺它们的蜜汁，更不会去考虑要救助受伤的姐妹。这样的惨烈情景根本不能让安然无事的蜜蜂感到危险，因为它们根本忽视周围的死亡，它们再没有团结的精神和友爱之情。下面我来解释一下，对于蜜蜂，危险是什么？蜜蜂本就不知道什么是恐惧，它们唯一怕的只是烟雾。在城墙外面的蜜蜂几乎是极其自私的。它们只关注自己的目标，不会被其他任何事物干扰，包括自己的同伴，对于烦心事它们一致地选择避而不看，只要不是太过接近它的身体。它好像知道这个宇宙属于每个个体，每个生命都有自己的位置，所以一定要倍加小心，以和为贵。这并不是没有好处的，因为只有这样的信念才让它们极为自信，从来不会抱怨任何对自己的不公。遇到危险，它们会选择改变飞行路线，而不会逃避不前。相反的，如果是在王国内部，它们绝对不会忽视任何的危险存在。它们会不约而同地发起愤怒的反击，不允许任何东西侵犯它们的神圣之地，不管是蚂蚁、虎豹，还是人类。在我们看来，那可能就是一种情绪化的愤怒，固执得让人觉得可爱，或者是一种英雄主义。

请恕我直言，关于王国外的蜜蜂之间的友爱和团结精神，甚至是同情心，我真的没有观点可以表达。我们难道必须要承认，每种智慧的形式内在可能都存在一种奇怪的局限？那带有沉重阻力而还是脱离物质而燃烧的，从智慧中迸发的小火苗总是若隐若现，若它烧得火热，那么其他的点就会被逼进黑暗之中。所以，观察告诉我们，蜜蜂（天生的自然习性）团结在一起劳作，就是为了未来的希望和对未来的崇敬，它们的方式比起其他的一些方式要完美和严谨。对于外界蜜蜂的忽视，是这样的原因造成的吗？它们把所有的爱和精力都给了未知的未来，而人类却给了当下的人和物。我们把爱给了现在，一定没有多余的给未来。怜爱之情和善良之情是最容易变换的。而对于蜜蜂冷漠的一面，对于一些前人来讲，这并不是指责它们的理由，因为过去比现在受到的伤害更小。退一步讲，我们在观察蜜蜂的同时，难道就没有另外一种存在也在关注我们的一举一动，而同样我们的举动没有震撼到它们吗？

第四章 蜜蜂的日常活动

45

现在我们要讨论的是蜜蜂彼此间的沟通方法，这样有利于对它的智慧概念有一个清晰的理解。毫无疑问，蜜蜂之间是相互了解的。在如此大的一个共和国般的社会里，分工复杂而明确，同时合作默契有秩序，这对于一个没有沟通和交流的独立精神群体是不能存在的。由此可见，它们之间肯定存在一种表达和阐明自己思想感情的方式，这种方式有可能是共同的语言词汇，比如人类之间，也有可能是通过触觉或者磁性接触，当然也完全有可能是我们根本不了解和察觉的某一种沟通类型。通过切希尔的计算，关于工蜂很有可能存在了 12000 根触须和 5000 根"嗅觉管"，并且靠它们去探测与感知黑暗。所以我们有理由相信它们的沟通是依靠神秘的触须。蜜蜂之间的双向沟通不只局限于劳作时间，而是对待特殊的事件，在它们的沟通语言中应该有专属的名字，王国中好坏消息，或者重要事件的通知，可以迅速传遍整个王国就是最好的证明，比如蜂王的返回或者死讯，入侵者的通知、陌生蜂王的来袭、抢劫者的动向，或者蜂蜜的发现等等。它们对待不同的事件表现明显不同，发出的嗡嗡声也是有很大区别的，如果养蜂人具备丰富的经验，也可以明白它们当前遇到的问题和要传达的消息，蜜蜂总是在不安的时候拼命移动。

一只小蜜蜂刚刚发现了你餐桌上有几滴蜂蜜，你只要跟随并且观察它的表现，就可以得到确切的证据。它首先会靠近蜜汁，并且让全身都沾满蜜糖，这只是表面上的贪婪行为。所以你可以利用这个机会，在它的胸前用油漆做一个小印记。上面我们已经说过了，蜂蜜并不会把蜂蜜吞进肚子里，它会把蜂蜜存进自己的液囊，那就是它的第一个胃，是为了整个王国而存在的，所以也可以叫做集体之胃。当液囊已满时，它会离开，但是并不是直接飞离，如同苍蝇或者蝴蝶，它会先倒飞一段时间，在餐桌上盘旋片刻。

这是蜜蜂的侦查行为，它要牢牢记住这个餐桌的确切位置。然后，它迅速飞回王国，把自己行囊里的蜂蜜倒向王国仓库中，你只要等在餐桌旁边，三四分钟就会看到它的返回，并且会重复刚刚的一切动作。只要有蜜，它就会不停地来去，每5分钟一个来回，不知疲倦，一直到黑夜的降临，才会停下。它就是这样往返于王国和餐桌之间，不停地运送着财富给自己的王国。

我和其他写过蜜蜂的人不同，我认为在真理面前不可以附加任何修饰，否则便会误入歧途。对于严谨的研究来说，绝对的事实说明是最基础的保证，不然就会失去它的意义。如果一定要强迫我接受一个会令我失望的发现，比如当它们处于蜂房之外时，蜜蜂不能有效沟通，那么作为对自己的补偿，难道我非得要承认或者阐明人类才是我们生活的星球上最为智慧的生物？其实到达人生的一个新的阶段，我们说出事实要比仅为了让人欣喜而说出的消息更有价值和令人开心。所以我们上面讲述的任何一个实例，都是依照这样的一个原则。也许事实并不能令人类感到有趣，也不是那么伟岸和高尚，远远比不上经过艺术加工后的作品好看。那么，这样的不解应该来自我们自己，因为我们还是没有明确地理解。真理的存在，一定与我们的存在，和大自然的法则是有密不可分的关系。所以说来，需要修饰的并不是自然界的真理，而是人类的智慧。

这里我要负责任地说，做了标记的小蜜蜂，一直都是独自返回和运送蜜汁的。我在想，是不是蜜蜂的世界里也和人类社会一样，有沉默寡言的，也有喋喋不休的？我在做实验的时候，还有一位朋友站在我的旁边观察，他猜测，也许在蜜蜂的国度里，独自发现蜂蜜来源是件无上荣光的事情，所以它不会与别人分享这个消息，一切都是出于蜜蜂的自私和爱慕虚荣。这样看的话，的确是个不好的习性，没有分享消息，让更多的伙伴家中飘着甜美的味道。可是在这个情况发生时，还会有一个情景，就是它返回王国时，旁边会尾随三两个朋友。《蚂蚁、蜜蜂和黄蜂》是约翰爵士的著作，他的附录部分几乎都是用表格的形式记录了他的观察数据，当看到这些数据时，我意识到，蜜蜂会跟从发现蜂蜜的伙伴这个情况是不多见的。可是他的报告中并没有标明是哪个品种的蜜蜂，也没有对当时的环境进行描述。我在这里要表明，我所有试验的表格记录都是严谨规范的，我也会非常小心地安排，让蜜的味道不会直接吸引蜜蜂的到来，最后试验的结果是：平均来看，十次中有四次蜜蜂回巢时会带来其他蜜蜂。

有一次，我给一只小小的意大利蜂胸前点了蓝色油漆，第二次它回来的时候，带来了它的两个同伴，我顺势把新来的两只关了起来，但没有影响第一只。它第三次再回来时，又跟随来三个朋友，我用了同样的处理方法。这样一直循环，一下午的时间，我用同样的办法，就捕获了 18 只蜜蜂。

如果你愿意自己亲自做这样的试验，你会发现这样的沟通和吸引不会发生在所有的蜜蜂当中，但是较为频繁。美国很多猎蜂人就利用了蜜蜂这样的习惯从而轻松地捉住蜜蜂，并寻找它们的老巢。罗曼尼斯曾在《动物智慧》一书中，引用了约西阿·爱莫里先生对此类事件的看法："我们带着蜜盒到野外，或者在距离远一些的树林里，然后把抓到的蜜蜂放进蜜盒里，等它们足够可以沾满蜜汁的时候打开盒子，它们会迅速飞回自己的巢穴。现在要做的就是等待，时间和它们家园的距离成正比，但是当它们回来的时候，会看到带回了它们的伙伴，同样的方法，让新的蜜蜂也沾满蜂蜜。之后把它们隔一段距离放回一只，记录它们的方向，再通过一个数学公式计算，就可以确定它们巢穴的位置了。"

如果你真的自己去做试验了，你会发现这些伙伴并不是在同一个时间到来，它们之间的间隔会是几秒钟，那么它们之间的消息的传递究竟如何进行，我们就要去看一下约翰爵士在蚂蚁研究中提及的一些事实根据了。

后来一起来搬运财富的蜜蜂究竟是在第一只蜜蜂的指引和命令下来的，还时偷偷跟随而来的呢？它们是不是按照第一只发现财富的蜜蜂的描述找到这里的呢？这两个简单的假设，已经把蜜蜂的智力范围扩大了很多，两者的结论会表明的蜜蜂劳作原理相差巨大。约翰爵士的确是位专家，他精确和巧妙地安排了通道、走廊、溢满水的城池和吊桥的位置，非常成功地证明了这样一个事实：蚂蚁在同样的情况下，不只是按照第一只带路的蚂蚁的路线前进的。对于蚂蚁，我们设计一条它们愿意走的道路给它们，试验可以顺利地完成。可是对于蜜蜂的飞行路线，我们无法控制，这样就必须要想出另外一个试验来。于是我设计了下面的试验，也许不是很准确，但已经是现阶段最为理想和严谨的一个方法了，相信得出的结论也应该是令人满意的。

我乡下的房子有两层，书房在二楼，一楼的空间相对高而空旷，绝对超出了蜜蜂可以飞行的高度，几乎可以赶上栗子树和酸橙树了。我用了一个星期来做准备工作，我在一层的餐桌上放置了一碟敞开的蜜，尽量避免了直接引诱和吸引单独的蜜蜂前来。之后我还是取来了那只小小的意大利蜂，让它独自到房间里进餐，并且做好标记。

饱餐之后，它照例回到了自己的家园。我一路跟随，发现它越过一群蜜蜂，来到一个空巢，把蜜都卸在这个仓库中，之后准备第二次出发。而我在蜂房的门口安置了一个用活动板隔开的玻璃箱。小蜜蜂飞进了我的陷阱，单独关在其中，没有一个伙伴想要赶着它一同前往。之后，我几乎用 20 只蜜蜂进行了相同的尝试。当有标记的一只出现的时候，我还是利用玻璃箱子将它关了起来，这时候我发现有八只跟着它到门口，但是最后有三只跟着进来。由于板子是可以活动的，我把后来的和第一只分开来。用不同的颜色给之后的几只分别作了标记，再将它们放走，回到房间等待着结果。如果真的存在语言或者其他的语言交流，它们一定可以根据第一只的指示找到蜜的所在，顺着路线来到房间，可是，不得不承认，我只等到了一只蜜蜂。而这只蜜蜂是偶然到来，还是真的顺着指路来的呢？环境不允许我再继续完成这个试验，所以我把第一只小蜜蜂放开了。但是房间里来了很多蜜蜂，很明显它们是被通知这里发现了财富。

大家不需要遗憾于这个试验的中断，因为很多的事实都可以证明这些小东西之间是存在一些沟通交流的，而且不仅仅是有和无的区别，这个真理我们可以在很多的例子中看到，当然也不能光依靠例子和姿态来证明结果。极为明显的，蜜蜂的动作纷繁复杂，但是它们的工作和谐默契，精细的分工，交换岗位的时间都是明确的。清晨我会给搬运粮食的工蜂做上印记，到了下午，如果没有特殊的情况，它们几乎都在孵化室里负责温度的调节工作，再或者是吊在那张神秘的帘子上，成为了制蜡和雕刻的工蜂。而且我还发现，第一天采花粉的工蜂，第二天不会再出门，而是专心地开始酿造花蜜，反之亦然。

乔治·德拉杨是法国著名的养蜂人，这里我们要提起他的一个观点："产蜜植物上蜜蜂的分布情况"。太阳东升西落，周而复始，清晨的第一道阳光洒向大地，晨曦的探路者已经回巢，蜜蜂的王国苏醒过来，这是大地的召唤。"河岸上酸橙树已经开花了。""公路边的草丛里出现了一片片白色的三叶草花。""荷花和鼠尾草开放的季节也到了。""满山的木樨花，百合花都开放了，花粉芬芳。"这些消息传到了蜜蜂王国，它们都跃跃欲试，排好队列，分工明确，等待出发。酸橙树的任务就交给了较为强壮的5000只蜜蜂，剩下的3000只年轻的蜜蜂主要负责三叶草。而昨天在花冠上忙碌了一天的那些工蜂，今天它们的舌头和液囊要得到充分的休息，只要到木樨草那边取回些红色花粉就可以了，当然百合的黄色花粉也是可以的。我们从来没有看到过蜜蜂把不同品种和颜色的花粉混在一起，这是王国里面的一个严格的规定，它们把不同来源和颜色的花粉有秩序地分放在不同的仓库中。这个时候，那个无形的声音又再次发出了命令，工蜂按照排好的队伍纷纷出发了，它们都怀揣着自己的使命。德拉杨是这样说的："蜜蜂们似乎掌握了很多重要的信息，它们熟知方向和对应的产蜜价值，还有每一个提供蜜源的植物距离王国的远近。"

我们可以将它们飞行的航线都记录在案，然后仔细观察它们在各种植物上收集的成果，这时候你会发现，工蜂采集植物的分布不仅仅取决于花的数量，而且还和它们产蜜的质量息息相关。这还不够全面，它们还会每天都计算出更多的获得糖液的方法。春季来到时，田野还是光秃秃的，这时林中的金雀花、紫罗兰、疗肺草和银莲花已经提早开放，这就是蜜蜂的第一批蜜源，它们每天都勤奋地造访这些花朵。但是几天之后田野里的花朵开始绽放，它们马上就放弃了林中的花朵，纷纷钻进了白菜花和菜籽花中，即使林中花朵分外娇艳，也再不会得到它们的垂青。它们就是这样分配和调整着自己的植物分布采集方案，这样更加有效率，用更少的时间采更好的糖液。

"所以，我们可以负责任地说，无论是蜂房外采集劳作还是蜂房内部的工作，工蜂数量的分布都是有它的道理的，而且丝毫不会打乱劳动分工的公平原则。"

这个时候一定有人会提出一个问题，就是在蜜蜂智慧方面，我们要如何确定呢？而蜜蜂智商的多少，或多或少又和我们有什么关系呢？我们在这里花费了大量的时间和精力去研究这些根本看不到的东西，似乎它是我们赖以生存的重要部分，这究竟又是为什么呢？我个人认为这是相当重要的，当然这不是夸大其词，也不是危言耸听，丝毫不会隐瞒我的个人想法。在人类之外找寻真正的智慧迹象的存在，使得我们会产生某些情绪，就好像身处孤岛的鲁滨逊看到了沙滩上的脚印一样悸动。这样我们就可以证明在这个星球上人类并不是孤独的。事实上，我们希望可以研究和了解蜜蜂的智慧，通过它们来进一步了解我们本身的可贵本质：那种超自然的物质粒子，存在于何处都必然可以改变其盲目性，给予美化、完善和繁殖生命的无穷力量。最令人兴奋的是，它可以削弱死亡的顽固势力，阻止把一切事物都陷入永远无意识中的那股巨大力量的来袭。

当那种物质粒子处于兴奋和热烈的状况时，我们就称它为智慧，如果人类真的是它唯一的拥有者，那么在某个层面上来看，我们就可以把自己视为有特权的独立存在物，大自然同样是在用我们达到某些它的目的。可是，我们发现了大自然在另外一种生物上也达到了几乎相同的目的，这个生物就是膜翅目昆虫。这个事实的存在也许没有很大的影响，但是它在一些微小的事情上占有重要的地位，最重要的是它让人类明白了在这个世界上的位置。从某种观点来看，它是个非常新鲜的证据，剖析了我们生存状态下最不能理解的一个层面。我们在思考人类社会的发展命运时，不可能站在一个较高的位置上客观看待，但是对蜂房的研究给了我们一个机会，我们可以在一个相对较高的层面看待命运的重合。展现在我们面前的是一个迷你的世界，线条简单而粗犷，但是投射出的却是我们无法看到的整个地球的影响，存在着精神和物质、集体和个人、传统和进化、生命与死亡，曾经与将来：这一切重要的概念都在我们可以掌控的小小的蜂房中。我们当然会扪心自问，这样的一个小小的体系，占据了时间和空间的一个小地方，真的可以折射出我们需要的真正的大自然的秘密吗？在人类的历史长河中，三代人才能重叠成一个世纪，而这小小的蜂房几天的时间就可以给我们展示出微型的历史画卷。

下面我们继续讲述蜂房的故事，从刚刚结束的地方开始。我们高高地掀起那金光闪闪的席帘的一角，你会看到雪花一样的白色，鹅毛一样轻薄的奇怪液体流出来，穿过整个蜂群。这就是蜂蜡，它和我们以前知道的那种蜡是截然不同的。它结晶无瑕，轻似绒毛，好像是蜜汁的灵魂所在，当然它本就是百花的灵魂。这就是无声的咒语对我们诵念着，告诉我们它对于我们是非常有用的，就好像祭祀活动中最重要的那一道芳香的光芒，带领我们到达它的源头，那里便是它与天空的结合之所，充满了奢华与静谧的芳香。

其实想具体地了解和观察蜂群是如何分泌和使用蜂蜡的以及各个阶段的情况，是非常困难的。一切都发生在蜂巢最黑暗的地方，那里的蜂群聚集得十分浓密，也许是渗蜡程序需要提高温度的原因，蜂群才这样疯狂地聚集在一起。休波是第一个研究这方面问题的人，也为此写下了250多页的报告笔记，这是件很不容易的事情，因为需要极大的耐心，而且这个试验是很危险的，所以笔记的混乱是可以理解的，同时它也引起了人们的很多关注。这里我不会从技术的层面来讲述这个现象，当然，若有需要提起休波令人尊敬的研究时，也会简略地说一说普通用玻璃蜂房养殖蜜蜂的人都耳熟能详的一些信息。

对于悬挂着的神秘的那张席帘，其实就是一团蜜蜂组成的一个制造蜂蜡的技术组合，但是我必须承认，对它运作的原理，我们还是不得而知。经过事实观察，我们可以说的就是，它们会这样一直悬挂着长达18到24个小时，且保持着极高的温度，我一度猜测和相信蜂房的中央是不是在燃烧着一团烈火。之后，洁白透明的鳞片会出现在每只蜜蜂下面的四个小蜡囊中。

所以，我们从倒挂的圆锥体上看到的每只蜜蜂，它们身上几乎像都披戴了象牙色的薄衣一样，突然间，其中一只好像收到什么命令，冲出蜂群，踩着依然一动不动的蜂群，向上爬到最顶端。它牢牢地固定在这个点上，头部反复拱动，它的驱干似乎成为唯一的障碍一样。第二步，它开始使用自己的嘴和爪子，从腹部取下八片鳞片的其中一片，剪断再铺平，之后又延伸再揉捏，最后沾上自己的唾液，反复弯曲拉平，就好像一位熟练的木工在精心打磨一片薄木片。根据它们所需要的尺寸和密度，蜜蜂细心加工蜜蜡，完成后将它贴到圆顶的最高点，这就是这个城市的第一块基石。蜜蜂的城市和我们的有所不同，它是倒挂的形式，所以铺设方法也是从上向下的顺序，从天空下降到大地的怀抱。

用同样的方法和步骤，蜜蜂要把身上所有的鳞片都贴到那个虚空的屋顶之上，最后它还会用舌头舔一圈，用触角触一下，之后迅速地离开，消失在蜂群中。当然这个时候另外一个勇士会代替它的工作，继续同样的步骤和工序，粘上自己的蜡片，当然也会进行适当的改进和调整，原则是要适应整个城市的规划方案，之后再次消失，再下来就是第三只、第四只和第五只，一只一只地接替完成。它们都是突然出现，突然消失，没有个体可以完成整个工程，但是大家都会贡献一份力量，团结一致完成这个任务。

现在拱顶的顶端悬挂下来的是没有成型的小块蜂蜡。一旦厚度达到标准，蜂群中就会冲出一只蜜蜂，它的体形和之前的那些铺基石的女奠基人完全不同。它的出现闪耀着自信的光芒，它的动作成为了所有蜜蜂的典范再被模仿，毋庸置疑，这是一位极为伟大的建筑师，它在空中描绘出第一个巢穴的方位，会对其他巢穴的确立有很大的影响。这只蜜蜂属于工蜂中的雕刻师，自己并不生产蜂蜡，它觉得处理其他蜜蜂的材料是最有成就感的工作。首先确立了第一个巢穴，它在蜂蜡中雕刻很久，把剩下来的蜂蜡分放在巢穴边上，之后迅速地离开，放弃了自己刚刚做好的作品。一个等得不耐烦的工蜂马上接手它的工作，真正完成这个工作的是第三只工蜂，其他的工蜂就是配合它们的工作，也许是在蜡壁其他部分或对面的地方辛勤工作。蜂群似乎有自己的原则，每一只工蜂都接受这样间断而连续配合的工作方式：劳动的成就感是属于集体的，每个劳动者都是有份分享的，每一个成就都是集体的力量和荣誉，属于所有成员，这就体现和加深了蜜蜂的友爱之情。

第一个蜂巢的轮廓很快就可以猜测出来，好像一个透明的房间，由于构成它的是长短不同的小管，所以从形状上看，是由中间向两端缩小。厚度看起来像人类的舌头，边缘分布着彼此连接的六角形的小房间，墙壁互相依附。

在第一批小巢穴建好之后，奠基者开始第二步的行动，就是往屋顶添加蜡块，一直要加到第四块为止。这些蜡块之间的距离都是有严格的规定的，一块接着一块，不要轻视这个距离，都是经过严密计算的结果，等过一段时间整个王国都建成后，将会有一个足够大的空间允许蜜蜂在平行的墙壁间自由穿梭。

由此可见，它们的规划必须从整体考虑，以便最后建成的巢穴有最适合的宽厚比例，即八千八百分之一英寸或者是九千二百分之一英寸；与此同时，走廊的宽度也必须计划在内，大概半英寸左右，原则就是一只蜜蜂身高的两倍，考虑到的是必须可以允许两只蜜蜂同时擦身而过。当然，没有永远的正确，它们的行为也不是机械化生产。如果是一个非常特殊的环境，对于它们来说就是个很大的挑战，那么严重的错误也难免会出现的，比如巢穴之间的过道空间保留得太宽或者太窄。它们有自己的方法补救，比如让靠得太近的两个蜂巢向两边倾斜弯曲，或者再加盖一个不规则的巢穴。"蜜蜂当然也会犯错误。"罗穆尔曾经谈到过这个问题："这也证明了它们真的是具有推理能力的。"

现在让我们来看看蜜蜂巢穴的分类。一共有四种。第一种就是王室的巢穴，当然会是与众不同的，有点像橡实的形状。第二种比较大，主要提供给公蜂，或者是旺季用来储藏财富。第三种是小穴，这是普通工蜂的住所和普通的储藏间，占据了整个王国的五分之四的领地。最后一种就是连接大小巢穴之间的那个部分，叫做过度穴，它们因用途的因素所以导致形状不一，而第二和第三种的尺寸必须准确，分理不差。当人类希望在自然界找到一个天然的尺子时，作为十进制的开端和毋庸置疑的标准，罗穆尔的提议便就是这个巢穴。（最后没有被采纳，其实也是好事情。尽管蜂巢的直径准确无误，但是由于物质的有机物不同，在同一个蜂房内的尺寸，可能用在数学上就不够严谨和规范了。另外，莫里斯·吉拉德曾经说过，蜜蜂品种不同，建造出的边心距离也有所不同。由此可见，标准还是由居住和建造的蜜蜂种类来决定。）

其实每个巢穴都是两层六边形的管道构成设计，它们都建在一个金字塔型地基上，这样就会稳定很多，基座相互对应，整体看起来是比较统一的，也就是正面巢穴的两个基座的每三个菱形当中，每一个都是反面三个小房间的金字塔基座。蜂蜜都藏在这些柱形的管道之中。它们看起来是横向的，其实不然，否则蜂蜜一定会流出来的。为了避免这样的情况发生，其实每个管道都有四到五度的倾斜。岁樴尔仕提起这个建筑原理时说道："其实这样的布局和结构有很多的优势，第一，就是在使用蜂蜡上的节省。第二，就是蜂巢的牢固性有所保障。每个小巢穴的角度和每一个菱柱形洞穴的顶部，都会依附于另外一个巢穴的六边形隆起的面，这样就更加牢固。六边形的延伸，或者使两个三角型构成洞穴的交角，然后在相切的侧面共同形成一个平角，内部都是凹的，相反另一面就是凸的，这样就又支撑出另一个六边形的一个边。这样边压角的好处是可以向外挤出压力，每个角都会牢固。每个巢穴的稳固，都和整体的规划设计密不可分。"

关于蜜蜂的巢穴建筑，雷德博士也这样说过："在没有空隙的状态之下，只有三种可能使所有的巢穴都极其相似，分别为三角形、正方形、等边六边形。数学家可以证实，没有第四个可能把一个平面划分成为类似等边或者相等的小块而没有浪费的空间。而前面三种的可能性里，只有六边形是对于划分和坚固性最为合适的。蜜蜂不知为何知道这样的原理，它们把自己的家建造成了这样的等边六边形。"

"同时，在建筑角度来看，底部由相交一点的三个平面构成，对于材料的节省和效率都是有很大的好处的。这些立体几何的原理，似乎也被蜜蜂所熟悉，它们的规划是严格按照这样的原理完善实施的。如果想达到最为节省的目的，那么巢穴底部的三个平面应该按照多少的倾斜度来设计完成，就成为了一个奇怪的数学难题。这个问题属于高等数学领域，由专家用微积分的方法才能得到答案。数学天才麦克劳林在《伦敦皇家学会会报》上曾经写出过这样的算式，他准确地算出了角度，根据数学里面最严谨的求积法，不得不承认，正是蜜蜂巢穴底部巢穴三个平面所呈的角度。"

事实上，我个人不能相信蜜蜂会如此精密和深奥地进行数学计算，同时我认为，这个事实是偶然造成的，或者是环境的产物。比如，黄蜂的巢穴建造也是六边形的结构，它们和蜜蜂面临相同的问题，但是解决方式就不是如此完美。它们只建造了一层巢穴，这样就没有可供穿梭的通道。因此黄蜂的家就比不上蜜蜂的坚固牢靠，而且不规则的同时又会浪费大量的材料，这样它们虽然费尽了气力，才做了蜜蜂只花四分之一力气就能完在的工作；而且空间只有蜜蜂的三分之一大。我们又一次看到了，真正驯化的蜂种，特里贡尼和梅里波尼两种无刺蜂种，它们的智力很低，只会造一层饲养房，而且形状没有规律，浪费极大的资源，用一根柱子支撑整个巢穴。对于它们，根本不存在什么仓库，就是堆在一起就可以了，没有任何秩序可言，而且就在最能节省空间和材料的两个球之间的距离，梅里波尼竟然铺上了平壁巢穴。不得不承认，用它们建造的房子，和蜜蜂的精密王国来比，就好像是原始的茅草屋与现代化都市相比较。当然都市化的产物可能比较冷酷，没有温暖，但是那和人类的逻辑最为相似。时至今日，人类依然还在用更加激烈的方法去征服和改变空间和时间。

57

　　最近由布封曾经提出的一个论断又复活了，这个观点否认了蜜蜂建造六边形的基座是出于自我意愿，而是希望在蜂蜡中挖出圆形的巢穴，那么它们之所以建造六边形建筑，都是由勤劳的工蜂以同样的意图掘进的，所以才是六边形。还听说，这就是某种结晶，或者鱼鳞形成的形状罢了。他这样说："将豌豆放入碟子中，当然也可以使用其他圆柱型的豆子，之后倒满水，可以足够填补豆子间的缝隙，把盖子小心盖好，然后煮开，你会发现豆子都变成了六面形。原因就是每颗豆子都是机械性地进行膨胀，在已有的空间中占有尽量大的位置，这样互相挤压成为了六边形。我认为蜜蜂也是同样的道理行事，其结果必定就是六边形，也是蜜蜂的建造互相挤压膨胀的结果。"

58

　　如果按照上边的说法，挤压就可以创造奇迹了。那么根据同样的道理，人类的堕落会造就一个普遍的美德，而整个人类作为一个物种存在，由于一个个体经常的无恶不作，那么作为一个整体后，就不再可恶了吗？很多人都在反驳他，比如布鲁汉姆、克比还有斯宾塞。原因很简单，用肥皂水和豌豆做的试验，根本不能支撑他的立场，因为由于压力的作用，最后挤压形成的的都是不规则的形状，和蜂巢的棱柱型基座根本不能相提并论。归根结底，我们可以这样说，由于盲目的需求而建造，最后的结果是完全不同的，黄蜂、土蜂、特里贡尼和梅里波尼无刺蜂就是最好的实例，而且档次明显低下，前提是它们的环境和愿望都同蜜蜂是完全一致。值得强调的是，假使蜜蜂建造蜂巢确实按照了晶体、雪花、肥皂泡等类似布封豌豆试验的方法，那么，从整个巢穴的对称和精确的角度来看，它们一定也撑握其他生物没有达到的很多规律法则。让我们审视人类本身，难道我们的一切天赋都表现在可以按照自己的意愿去处理类似的要求吗？在我们的眼中，它对待自己需求的解决方法是如此的完美，可能是因为我们的高度还不够，需要一个更加高级的法官才可以。当然，各种观点最后还是服从于事实，这样的做法是正确的，那么对一个试验的反驳，最好的做法就是做一个反试验。

为了证明六边形的建筑手法的确出自蜜蜂的本意，我准备了一个新的试验。一天，我在一个成熟的蜂巢取下了一块圆片，大概是五法郎大小，取下的部分恰恰是有装满蜜汁的小室，同时是个孵化室。接着我在交汇点处，取下了这个圆片的周边，在向一个横断面的基座上塞进一片锡，当然尺寸是完全符合的，同样坚固牢靠，这样蜜蜂不可能把它弄得歪曲。之后将它放回，恢复蜂巢的原样。让我们来看看蜂巢现在的样子，一侧是毫无异样的，损坏的部分已经修复，可是另外一侧由于锡片的原因出现了一个深坑，挡住了30个左右的小房间。这时，蜜蜂开始有些躁动不安，出现了几个类似侦察员的蜜蜂，在深坑的周围检查了好几天，它们好像更加暴躁不安，似乎很难做出判断。我每天都会给它们送食物，之后问题出现了，它们没有足够的空间存放财富了。这个时候又出现了几只蜜蜂，也是王国中最好的工程师、雕刻师和制蜡能手，它们开始想办法来解决这个棘手的问题。

到齐后的制蜡能手们，很快组成了一个密不透风的花环，这样是为了保持需要的温度，另外几只蜜蜂深入到坑中，牢牢地贴住那片锡片，它们还有规律地在坑的周围分布了小蜡钩子，用于连接锡片和蜡壁。它们开始了工作，在半圆的圆盘上建造出三到四个小穴，并且把它们和蜡勾连接起来。这些过渡室多少有一点点的变形，为了可以方便地同近处的巢穴粘接起来。可是，我们发现，锡片上的下半部分构成了三个非常明显的角度，同时牵引出三根细线，准确地表明了这个小巢穴的上半部分架构。

48个小时过去了，每次只有三只蜜蜂在坑中作业，但是整个锡片已经被规划好的巢穴所覆盖了。相比之下，它们没有普通的巢穴那么规范，由于这个原因，蜂王看过后拒绝在此处产卵，它考虑了下一代如果在这样的房屋中成长，必定会是变形的身材。每个巢穴几乎都是非常完美的六边形，绝对不存在弯曲的线条和形状，没有一个角度是不准确的。当所有的常规条件都改变时，它们的做法，既没有像休波说的那样只是在蜡条中掏洞，也不是达尔文说的设计了圆形的蜡罩，之后由于巢穴之间的压力才变为六边形。这里根本没有压力的问题存在，因为巢穴是一个接着一个被建成的，起初线条构成的样子就如同光秃秃的餐桌。由此可见，六边形绝不是机械化的产物，而是蜜蜂智慧、经验和规划的完美结合。这里还有一个例子可以说明蜜蜂的聪明能干：锡片上的新巢穴，除去金属片之外，根本没有发现任何支持。工程师蜜蜂一定是知道这锡片是足可以承担蜂蜜的重量的。它们很明显地是考察过金属板，发现根本不会渗漏，就没有再铺一层蜂蜡，可以节省材料。但是没过多久，巢穴里的蜜汁开始滴落，蜜蜂发现和金属接触后蜂蜜会变质，所以它们迅速开始补救，在锡片上重新铺上了蜂蜡。

这是个神秘的几何建筑物，如果我们想知道所有的秘密，就应该关注一个奇怪的现象，那就是第一批蜂巢的形状。因为第一批的巢穴是要和蜂箱的顶部紧密连接，所以在结构上有一定的修改，要使它和圆顶有尽可能多的接触点。

蜂巢的主通道是由于它的平行性决定的，但是其中的大街小巷的建造简直是天才的设计，巧妙和实用，对于各个方面的问题都进行了巧妙的规避，对交通堵塞进行了合理的避免，同时也便于空气的流通。当然前面我们提到过了过渡室的设计，完全体现了一致性的本能，迫使蜜蜂在特定的时段要扩大房间的规格。当然要有充分的理由才可以这么做：第一，富足的丰收需要足够大的仓库；第二，工蜂认为人口足够多；第三，雄蜂诞生的时刻。所有的例子中，都可以看出蜜蜂规划的秩序和合理，表现了它们的和谐与勤俭的品质，它们就是凭借这些品格，改良着不同的设计规划，由大变小，由小变大。有时候要把完美的对称调整为不对称，当然一切都是根据几何学原理，它们在其中永远都选择最为理想化的方案，整个过程中不浪费一个巢穴，任何建筑都不会损毁，绝对不会受到任何嘲讽，没有不确定的情况发生，也不会出现简陋的房间，当然更重要的是它的坚固耐用，灵活便利。也许你对我说的很多细节并不是很感兴趣，也许你从来没有注意过蜜蜂的飞行，有时候只是一时兴起，随便看看，就好像赏花、观鸟一样的短暂片刻，只是片刻逗留，无心做更深的了解。人们可能早就忘记除了自身之外，那些自然界微小生命的秘密，它们同那些令人类感到激动不已的秘密比起来，也许离我们的起源和归属的谜团关系更加接近。

我并不希望这本书充斥着说教的感觉，所以忽略了蜜蜂的一个惊人本能。蜜蜂有时候由于想扩充加长自己的蜂巢，会故意损毁各个边角，当然它们的建筑本能也许是盲目的，这样的拆毁并不是为了重建，或者是有改建的意味，希望规划更加合乎规格。我希望告诉你们的是另外一个惊喜的试验。借助一片小小的玻璃，就可以强迫这些聪明的小东西利用正确的角度建筑房屋，此时，它们成为了天才的预知者：蜂巢凸面上加盖的巢穴必须可以和凹面上的巢穴吻合。

关于这个话题，我们还有一个有意思的问题要来考虑一下，就是蜜蜂在蜂巢的两侧同时开始劳作动工，两支队伍应该是互相看不到的，那么它们是用什么样的方法能够达到如此的和谐统一，最后成功地把两个成果合二为一？我们可以把一个完好的蜂窝拿到灯下观察，认真查看透明的蜂蜡，这时候呈现在眼前的是一个切割整齐的棱柱组合的网络，清晰展现的系统设计无可挑剔，几乎像是由模子压制而成的产物。

大概大部分人都没有看过蜂窝的内部结构，所以我担心大家对蜂窝的布局和外观不能有一个清晰的概念。因此我要用农夫的蜂箱来说明，蜜蜂在其中是完全需要自己寻找资源的，这样可以直观地向大家说明我的观点。一个用草或者柳枝扎成的圆形屋顶，从上到下就好像大面包片，由五、六、八、十条的蜂蜡分隔，平行地放置，严实地支撑一个卵形墙壁。蜡片严格按照半英寸距离间隔，便于蜜蜂的停留和穿梭。当蜜蜂开始从房顶建造蜡片的时候，蜡壁（大概的模型，之后会进行延长或者打薄的调整）依然很厚实，所以墙内五六十只公蜂根本不能和墙外五六十只蜜蜂互相看到，除非它们可以穿墙透视。可是，奇怪的现象发生了，里面挖出的洞眼儿、加固的蜡片和外面的凸起处、凹陷处都是吻合的，简直是数学精度的计算，相反亦然。这到底是什么原因呢？怎么可能在见不到的情况下，准确地一边挖得深，另一边就挖得浅？难道它们也会魔术表演，每一个菱形的各个角都可以相合？是什么方法或者东西给双方的蜜蜂传递消息，让它们如此准确地把握分寸，控制开始和结束？我们也许只能重复着一直以来的一句话：这是蜜蜂王国的秘密。

休波尝试揭开这个谜底，他表示，蜜蜂的钩子和牙齿产生了压力，这样就在蜂巢的建设间隔中造成小的凸起，换句话，就是它们可以利用蜂蜡的弹性、桡性或者其他的物理特质来推算墙壁的厚度。还有一个猜测就是它们的触须，也许它们可以利用触须检验事物的性质和不透明的一面，就像黑暗中的指南针。最后还有一个猜测，每一个巢穴的确定都是根据准确的几何原理，都依靠于第一批巢穴的布局而推算得出，所以不需要再次测量确认。可是这些理由明显没有足够的说服力。第一个就是个假想，不能证明，第二个和第三个只是转移了话题，牵扯到另外的秘密上。当然转移秘密推论是有用的，但是由一个神秘现象推导另外一个神秘现象，从此下去根本解决不了疑问，也不是明智的做法。

现在是离开这个几何的沙漠，这个完美无缺的建筑工地的时候了，我们得换一下思维。蜜蜂王国开始兴起，蜜蜂们开始慢慢入住了。即使现在的规模还很小，小得让我们几乎看不到任何的希望。是的，这小之又小的规模，会局限我们的眼界，自然让我们无法看到它们的未来，也无法理解它们的希望所在。但是蜜蜂却不会考虑很多，每天都是不分昼夜地劳作，不辞劳苦地赶工，所以整个王国一直以一个惊人的速度建造着。蜂王明显地开始烦躁起来，多次围绕着黑暗中闪着白光的围栏踱步。第一批的房屋刚刚建成，它就带领了一批人马迅速进驻，包括它的侍从、助手和门卫，但是事实究竟是它被看管，不得不被带进住处，还是它迫不及待带领侍从进驻，具体的我们不得而知。它到达了第一个居住地，如果感到满意，就会拱起背部，身体向前屈起，这样它长长的纺锤型腹部顺势放入一个巢穴中。这时，它的四周围起了陪护人员，它们焦急地围成圆圈，一双双黑色的眼睛关注着蜂王，抚弄它的翅膀，舞动它们的触须，表示支持和鼓励，或者是激动和庆贺。蜂王所在的地方，使我想起了曾经是祖母最爱的星型帽章，还有卵形的胸针，它现在正位于最中央的位置。这里我们会发现一个奇怪的事实，就是工蜂总不会背对蜂王。当蜂王出现时，工蜂们会迅速调整自己的位置和角度，用自己的眼睛和触须正面对着蜂王，并且会倒退身体。在我们的认知中，觉得这是不大可能发生的礼貌，但是很普遍，它们用这种方式表示尊重和敬仰。

回过头来，继续来说蜂王的动向。当我们看到蜂王发出一阵痉挛时，第一颗蜂卵排出了。在这个重要的时刻，会有一个女儿在它身边拍动翅膀，举动很亲昵，嘴对嘴，四目相对，好像在耳边的私语。但是作为一个母亲，蜂王并没有因为这样大胆的感情表露而感动，依然很镇定地忙着自己的事情，它知道这个时刻什么才是最重要的，平静而镇定，也许是产卵的痛苦，也许是享受为母的快乐。几秒钟后，它悄悄地起身，后退一步，再次翻转身体，伸进另外一个巢穴，它还是很机警地先进行检查，确定都是整齐的，然后产下第二颗卵。这个时候，有两三个随从会钻进第一个蜂巢，确认里面的工作顺利完成，并且小心翼翼地盖住刚刚来到世上的蓝色的小卵。

蜂王从现在开始，会一直勤奋地产卵，这是它唯一的工作和责任，哪怕是睡觉的时候，如果那是必须的，当然它会一边进食一边产卵，直到秋天的第一次霜降时节。蜂王的举动完全代表了种族未来的希望，几乎占据了王国的每个角落。它的生产，催促着一直以来都很辛勤的工蜂，要不间断地为它建造新的产房和摇篮。这里有两种巨大本能的力量汇聚，我们虽然没有从它们的工作中找到王国秘密的答案，却给了我们很多新的信息。

首先，工蜂有时会领先于蜂王，它们随时都会谨记自己的职责，对未知的未来做着准备，很快地把从同类手中抢夺来的巢穴装满蜂蜜。可是，如果蜂王驾到，物质财富就再没有了价值，一切都要服从于未来的希望，忙乱的工蜂必须尽快地把财富迅速迁移。

那么，现在假定它们面前是一个完整的蜂窝，同时没有蜂王的霸主统治，我们会看到，工蜂们会急切和仓促地为公蜂建立起一个小区大巢穴，当然这个工程简单而快捷。当蜂王驾临这个令其不快的小区时，它一定会非常难过地产下几颗卵后，吵吵闹闹地要求马上为它建造起更多的工蜂穴。工蜂们必须按照蜂王的意愿，加盖巢穴，缩小其他的巢穴，当然一定会形成追赶工期的画面。最后这位伟大的母亲走遍了整个王国，回到最开始的起点。此时，巢穴已经清空了，因为第一批蜂卵已经长大，迫不及待地逃离黑暗的角落，奔向万紫千红的繁花中，它们享受着阳光下的飞行，晴朗的日子转瞬即逝。等待它们的命运则是要为在占据了曾经是它们的摇篮的下一代蜂卵做出牺牲。

谁可以控制蜂王呢？它服从于给它的食物，因为它从来不需要觅食，它同它的孩子一样要靠工蜂来喂养侍奉。而每一餐的食物安排，是由花朵的产量决定的，与访问花萼的工蜂带回的财富有紧密的关系。这里似乎就是一个世界的缩影，同其他地方一样，圆的一部分都被黑暗笼罩，最高的指令也是由外部发出，那一直是一种未知的力量，它们和人类都是在受不停自转的无名轮王的指令，反复碾踏着曾经使其运转的意志。

前几天，我曾经让朋友来看我的玻璃蜂箱，他看到了这只轮子的运转，和钟表的轮子一样清晰明了。他还看到了每个蜂巢里都充满着浮躁的翻腾悸动，那些孵化室外面的工蜂永不停歇地忙碌和不知所措地纷乱。他发现整个蜂群都没有过停歇，在蜂蜡制造高手铺设的过道和梯子上，依然是纷繁的劳作，到处都是狂热的穿梭，只有摇篮中是宁静的，根本找不到一只蜜蜂在休息，它们的工作好像永远都做不完。它们根本不惧怕死亡，而且那里根本没有医院和坟墓等设施。我的朋友在发出惊讶的叹息之后，马上将视线转开，从他的眼中，我看到了悲伤和担忧的感情。

事实往往是残酷的，起初接触蜜蜂王国的人，看到的都是一片欢愉的景象，可是又有多少人可以看到欢乐背后的景象？支持着快乐美妙光景的回忆，让整个王国成为夏季最富有的国度，支撑着那一次次鲜花与河流之间的旅途，经过山川，把幸福和美丽，宁静与繁花串联的旅途，支撑着一切外在华丽美好的景象，这是人类能见到的最悲痛的牺牲。我们似乎从来没有清楚地看清过面前这些小东西，心里却明白，我们实际上不只是不能理解它们，而且不仅仅是它们，而是那股同样促使我们不断进步的神秘力量。

每当我们把视线真正地投向大自然，一切都是令人类悲伤的，就让它叫人悲痛吧。无论它是否真的存在秘密，只要我们一天没有弄清楚，对它的情感就会持续下去。总有一天，我们会找到的，当然如果那一天到来时，我们发现根本就不存在什么所谓的秘密，或者那本来就是荒唐的，那么显现出来的任何责任都毫无意义，根本不存在一个名字。如果你愿意，可以和我一样感叹："真的可悲啊！"但是理智一定会迫使我们加上一句："事情总是这样的。"我希望可以找到这悲伤背后的力量，就是这样的责任，让我不能从蜜蜂王国转移注意力，而是要更加专注地直面这样地悲伤，研究剖析它，投入我所有的精力和勇气去研究蜜蜂，就好像它们可以带来的快乐。在人类判断大自然、怨恨大自然之前，至少要去证实所有可以提出的疑问，这样才是严谨的，而不是武断的。

蜂王的生育能力是整个王国最为看重的一件事情，只要这个事情不会构成威胁，我们就会发现工蜂们忙碌地建造仓库，而且这样的建筑是经济实用的。蜂王比较喜欢在小的蜂巢里产子，它也会一直吵闹着希望工蜂建造小一些的房间。当然在紧要的一刻没有令它满意，它就会沿路找到相对满意的巢穴产卵。

　　尽管无论在哪里产下，蜂卵都是由工蜂负责孵化，最后孵出的会是雄蜂，也可以叫做公蜂。当然这样的结果与蜂巢的大小、形状都是没有直接关系的。由于是排在较大的一个蜂巢里的蜂卵，后来搬运到了工蜂的巢穴里（这是个比较繁琐的过程，因为卵的体积小，薄弱。但即使困难，我们也看过它们被成功地运送），其中一定会孵化出一只公蜂。由此可见，蜂王一定有某种能力，能在产卵的时候确定蜂卵的性别，同样它知道如何使用它将用来产卵的蜂巢。对于一个伟大的母亲，它很少会犯错误，它的卵巢里蕴藏了无数的卵，它怎样才能分辨雌雄呢？又是如何随心所欲地控制它们进入自己的输卵管再排出的呢？

　　我们又引出了一个蜜蜂王国的秘密，而且是个极为复杂的谜题。众所周知，没有交配的母蜂是具备生育能力的，但是它的卵只能是雄蜂。但是如果经历了婚飞仪式，它便可以随意产下工蜂或者雄蜂。婚飞仪式使得蜂王永久性地拥有了情人的精子，一直到它离开这个世界。这个精子的数量是惊人的，卢卡特博士认为至少由有 1500 万个左右，而它们的存放地点又在哪呢？蜂王卵巢的下方，位于输卵管的入口处有个受精囊，它是个特别的腺体，可以存放活体的精子。经过我们的观察分析，情况有可能是这样的，蜂王排卵要向前弯曲是由于小巢穴的开口狭窄，这样一来，受精囊就会受到一股压力，促使精子喷射，使得通过的蜂卵得到受精。这就说明了为什么在较大的空间排卵不能得到受精的原因。

除此之外，还有一部分人这样认为，蜂王可以完美地自我控制受精囊的开合，这是很复杂而又需要力量的技能。当然我自己更相信第二种说法，尽管不知道哪个才是正确的。研究工作越深入、越认真，就会越发觉得自己在大自然中的渺小和无知，就好像是汪洋中的遇难者，这个时候一个真相的大浪打来，告诉了我真实的原因，我们刚刚觉得明白的一切，恍惚间又变得模糊不清。但是我还是可以说出倾向于第二种说法的理由。一方面，德诺里先生是波尔多的养蜂专家，他曾经做过一些试验，他在蜂王需要产公蜂的时候，从蜂房中取走大的巢穴，而蜂王丝毫没有犹豫地到工蜂巢穴产卵；相反，在没有其他巢穴的前提下，它也在大巢穴产下了工蜂卵。有一种位集蜂属野生蜜蜂，叫做切叶科蜜蜂，法布尔先生也对它们做了试验，证明它们不但可以预知蜂卵的性别，而且知道蜂王是可以控制排卵的性别的，作为母亲它可以根据空间来做出自己的选择，即使这个空间是随机的，不能更改的。它可以自由地在这留下公蜂卵，在那留下工蜂卵。在这里我不会对法国昆虫学家的试验作具体的说明，因为那是极为复杂多样的，而且那样我们就会离题越来越远。以上的两种假定无论哪种是正确的，都可以说明，蜂王对种族的未来并没有特别的关注，它产卵的倾向只由自己决定。

我很同情这个伟大的母亲，它就像是一个家族的生育奴隶，可是也许同样是一个多情的情人和酒色之徒，它快乐的产生可以是回忆婚飞的场景，通过自身的雌雄结合得到欢愉。

在它的爱情故事中，大自然展现了无比的创造力，安排得如此巧妙和谨慎，变化无穷，同样没有忘记给予它等同于诱饵一般的欢愉感受。当然，我们把一切都推给大自然的安排，就好像站在一个深不见底的水井前，向里面投掷了一颗石子，以为可以听到回音，作为对我们每个疑问的回答，向我们说明一切不可思议的奇迹。

人类喜欢对自己这样说："这个事情一定是自然界的安排，一切奇迹的发生都是它的设计，我们看到的一切不可思议，都应该是它的作为。"其实事情不过是如此：我们太过重视去观察生命存在于物质表面的细小变化，而在我们看来这样的物质是懒怠的，将它们视为虚妄和死亡。即使一个事件的发生是纯粹的偶然，也会引起我们的特别关注，假设其他的事件也同样存在生命的奥秘，而我们却轻易地忽略了它们，从而失去了好奇心。轻率地相信某种事物都是盲目的，一切可以留存的东西，比如我们的回忆，对未知事物的探索，希望和向往，都反映了我们的脆弱和无助，像是对大自然的呼喊。就好像我们走近了昏暗的深渊，根本不知道前面会有什么事物在等待我们，大声地呼喊，似乎是在无力地宣布我们是这里最为高级的生物，四周依然寂静无声，根本无法穿越。这种行为就好像秃鹰在隔壁飞行，夜莺在黑夜歌唱。我确信，只要有机会就应该竭力去呼喊，这是个重要的责任，虽然它是无力而无效的，但是我们依然需要坚持下去。

第五章 新蜂王

64

现在，让我们暂时关上蜜蜂王国的大门。生命在此刻揭开了它新的篇章，循环往复，不断地绵延繁殖，到达幸福的最高点时再一次地爆破。这是最后一次我们打开那座老的城池，蜂群迁移后这里会是怎样的景象？

这是一座不幸的城池，在巨大的骚动过后，三分之二的子民离开了它们的家园，这里也变得死气沉沉，没有了当初的繁荣景象，一片狼籍，如同已经失血过多等待死亡的躯体。当然，这里还有几千只蜜蜂留守，看起来虽然没有精神，但是它们依然保有着坚定的信念，守护着自己的家园，表现了不可动摇的忠诚。就是这样，它们恢复繁忙的工作，尽量去补足离开的成员的空缺，开始清理欢乐舞会之后的残局，打扫卫生的同时还在整理剩下的物资，再次奔向它们的植物源，一部分也在看护它们未来的希望。

城市笼罩着昏暗和阴霾，但是，当你四下环顾时，会发现希望也是无处不在。这里好像是传奇中的德国城堡，墙壁上都是小小的瓶瓶罐罐，里面充满了未来的希望、男性的灵魂。这里就是生命的希望之地。城市的各处都是被封得密实的小摇篮，里面安睡的都是洁白的蜂蛹，它们是这里的希望和未来，这里层层叠叠，数不胜数的六边形小洞穴中充满了希望，它们环抱着自己，等待生命钟声的敲响。这里是整齐划一的建筑群，它们在其中不与外界接触，是对它们最好的保护，当然我们可以透过透明的摇篮看得一清二楚。它们很像是陷入沉思的少女，被一大块一大块的毯子盖着。它们睡在了六边形的棱柱中，这一定是某位几乎精神崩溃的设计师才设计出来的最为安全的城池。

　　围墙的城市，是经历了动荡变迁的城市。它总是在经历着一次又一次的变革和成长，见证了一次又一次的从兴盛到衰败，灿烂辉煌后的黑暗闭塞，现在又是上百只工蜂在起舞，扇动着生命的翅膀。它们似乎想故意提高这里的温度，以达到某种秘密的目的。很明显地可以看出，舞蹈是经过精心编排的，一定是出于某种目的。到现在为止，我确信没有一个人可以猜透它们的秘密任务究竟是什么。

　　几天后，这些裹得严严实实的小摇篮都会裂开——这个城市里几乎有六到八万个小摇篮——首先看到的会是两只透彻焦急的黑色眼睛，上面是万能的触须，它们已经感知到了生命的降临，同时，调皮活泼的脚爪也会齐上阵，希望可以马上挣脱这个小空间，当然专门看护它们的护工一定也会马上赶来，帮助它们逃离这里，并且给它们梳洗，亲自喂它们来到这个世界的第一口美食。每一个新生命都是胆怯的，现在脸色苍白、柔弱无力的它们很像小老头，几乎紧张得一直发抖，像是远道赶来满脸尘埃的旅行者。新的生命永远是最完美的，它并没有花费太多的时间就知道了自己的使命，如同人类的孩子一样，一切都要从学习开始，似乎它们天生就知道根本没有多余的时间玩耍打闹，它们互相鼓励着煽动翅膀，随着节奏跳舞。它们从没有一刻懈怠于找出关于自己和整个族群命运的惊人谜团的答案。

新生命在王国还是会受到保护，辛苦的工作不会交于它们，而且一周之内不允许离开王国半步。之后它们将进行重要的"爽身飞行"，先将空气充满器官，扩充身体，在空中骄傲得像新娘。再次返回王国，继续养精蓄锐一个星期，之后第一批出生的新工蜂就会集体出动，奔向芬芳的花海。与此同时，似乎有另外一种情感牵引着它，法国养蜂人把这种情感叫做"人造的阳光"，其实在我看来就是"躁动的太阳"，可以非常明显地看出，蜜蜂是喜欢阳光的群聚昆虫，它们来自阴暗的角落，会在蓝色的穹庐退缩，会害怕只有阳光的孤独，它们的快乐都是不确定的，充满了害怕和不确定的恐惧。它们就这样跨过生命殿堂的门槛，离去归来，反复20多次。空中盘旋的它们，不忘随时把方向调整到家的方位，翱翔中的新生命就像上升的圆圈，忽然又一同下压，它们用13000只眼睛审视周遭的一切，记录每棵树木、每座高山、每扇大门，每个窗台和房屋的位置，就在归途的旅程中，那空中滑落的痕迹将永远留在它的记忆中，好似铁丝在空中铺设的道路。

现在我们又发现了一个新的秘密，而且是必须要弄清楚的一个。这个秘密似乎根本没有发现和在意我们的挑战，可是越是这样的沉默越是让我们心急，对于人类的创造性也是一个挑战。这些聪明的小东西到底是靠什么能力找到根本不可能被发现的蜂窝？一般情况下，蜂窝总是会被树木遮盖变成一个模糊的小黑点。如果把蜜蜂装进一个盒子，然后走出两三英里后再次打开盒子，它们几乎可以准确地找到正确的方向和回家的道路，这究竟是怎么回事呢？

为什么障碍物对它们毫无作用，也许是有种指使或提示在一直引导它们？难道它们具有某种特殊的本领，是我们察觉不到的，就好比燕子和鸽子的"方向感"？法布尔、鲁博克、罗曼尼斯进行的实验，结论发表在 1886 年 10 月 29 日的《自然》杂志，要证明这样一个观点：并没有一种奇异的本能引导它们。另外，我也曾多次看到，蜜蜂似乎对它们家园的颜色和外形并不感兴趣。恰恰相反，它们感兴趣的是那个可以建造家园的平台、入口和降落平台的位置。可是，还有比这一点更加重要的，如果工蜂没有在家，把蜂房的顶部到底部倒转，它们依旧会向着家的方向飞去，即使那个方向是无边无际的天空。只有陌生的大门才能挡住它们的去向，当然那只是片刻的犹豫不决。我们做过一些实验，表明了蜜蜂可以根据细微的地标引导自己的方向。所以我们可以确定的是，它们确定的只是蜂窝的方位，而不是蜂窝的本身，它们根据蜂窝周边物体的位置差距，经过极为精确的计算得出的提示。它们利用的是极为精准的数学推理能力，这深深地印在它们的脑中，以至于当它们在黑暗中度过五个月的冬眠后，让蜂窝依旧在从前的平台上，多少有些或左或右的偏差，当它们返航的时候，依旧会非常准确地找到方向回到从前蜂窝的位置，用不了多久的犹疑，会马上确定蜂窝门的位置。似乎空间为它们保留了航道一般。寒冷的冬季过后，它们曾经奋力飞翔的痕迹依然深刻天际，没有散去。

由此推断，如果蜂窝被挪到了一个新的地点，蜜蜂们一定会迷路。如果把蜂房转移到离原来存放位置很远的地方，距离远超蜜蜂原本熟悉的离巢两三英里的活动半径，并且让周围的环境外发生了很大的变化时，我们只要在这个时候，稍微给它们一些提示，比如在原来入口处到蜂房的通道与降落板连接起来，警告它们蜂房发生了变化，它们会马上找到新的方向，造出新的路标。

现在我们又回到了那个正在扩充人口的王国，无数个摇篮接二连三地打开，似乎城墙都被震动了。它们似乎还在等待什么，城市的统治者，一位新的蜂王。此时，一个蜂巢的中央升起七八处奇怪的东西，令我联想起月球的表面众多的环形山和凸起物。这七八个怪怪的东西结构像太空舱一样，可以看到表面的蜂蜡和一些倾斜的腺体，密封性很强，大概是三四个工蜂巢穴的大小。通常，它们会聚集到一个点上，周围有众多的卫兵守护，高度警备，丝毫不敢松懈，这就好像是整个王国的珍宝一样。母蜂就是在里面成形的。这里每一个小室中都有母蜂在群蜂迁移前放置的一个卵子，当然也有可能是工蜂从临近的巢穴取出一颗蜂卵放进去的，具体的原因我们现在还不得而知。但是无论是谁放置的，它们都是完全相同的。

三天过去了，这颗卵子成长成为一只幼虫，它与其他的小生命不同，会得到格外的照顾、更加丰富和特别的营养。就在这一刻开始，大自然最为普遍的一种生命轨迹开始了。如果现在讨论的是人类事件，那么我们就要说的是宿命论。由于营养非常丰富，这个幼虫发育迅速，不单单是它的体力，还有思想，都与其他的幼虫会有很大的差别，它将成为完全不同的一只蜜蜂。

普通的工蜂的寿命大概只有六到八个月，而它的生命大概是四到五年。它的腹部长度是其他蜜蜂的两倍多，肤色更加黄，更加清晰；它拥有弯曲的刺，眼睛达到七八千个面，而普通的蜜蜂眼睛是 13000 个面。它的脑子很小，但是卵巢极大，而且还拥有一个特殊的器官——受精囊，这个器官将它变成了雌雄同体的生物。它天生就不会成为一个普通的劳动者，它身上丝毫没有这样的本能，没有粉刺，没有蜡囊，更没有可以装带花粉的篮子。在它身上，我们找不到普遍意义上的蜜蜂的任何习性特征。它对空气没有兴趣，对阳光没有渴望，直到死去的那一天花朵对它也丝毫没有吸引力。它的一生都会笼罩在阴影中，周围充满着躁动的蜂群，它唯一的责任和生命的意义就是，不断地找到摇篮，之后产卵。从在另一个角度来看，只有它才明白不安的爱。阳光照耀它生命的机会也许只有一次两次，因为蜂群的转移不是必须的，而恰恰需要它利用自己的翅膀飞在阳光里时候，它也是为了情人。它所有一切的不同，比如器官、思维、欲望、习惯、命运，都不是由于它的胚芽，虽然那是造就生命奇迹的基础，而它的一切都取决于一种奇怪的物质：蜜汁。这一定会令你感到奇怪。（在人们普遍的认知里，工蜂和母蜂在孵化完毕之后的幼虫营养是一样的，富含氮的奶状物质，是依靠陪护蜜蜂脑中的特殊腺体分泌的。可是几天后，工蜂的幼虫不再有这样的营养，要自己寻觅一种蜜和花粉混合的粗糙食物。而这个时候，小蜂王依然享有它的特权，可以一直进食这样的"王浆"，直到发育完成。）

随着上一次的迁徙，老蜂王已经走了一个多星期，而每个摇篮中的王室蜂蛹虽不同龄，也在健康成长着，它们的诞生也将是分间隔的，因为这是有利于蜜蜂王国规划的，有助于它们第二次、第三次甚至第四次的分蜂计划。工蜂选择最成熟的巢穴，努力地削薄它的墙壁，几个小时从没停止。就在内部，小蜂王也在努力挣脱禁锢它的圆顶。在奋力地抗争下，它的头露出了一点点，这时候守卫它的士兵纷纷飞来帮忙，为它冲洗，温柔抚摸，清洗周围，在这样的合作后，它终于完全地自由了，在蜂窝中爬出了三两步。刚刚离开襁褓的它并不强壮，而是和工蜂一样，看起来苍白无力，可是就在十分钟之后，它开始烦躁不安，好像被什么东西威胁着，它发现周围一定有威胁它宝座的敌人，它的两腿这时候已经变得强壮有力了，在墙壁周围烦躁地行走检查。其实，它大可不必担心，因为一切都有"蜂巢之灵"那神秘的判断和强大本能在指引着这一切，而且工蜂也一定会参与其中。经过我们对透明蜂房的观察，最让我们惊喜的发现是蜜蜂果断的决绝，它们从来不会犹豫不决，从来不会就一个事情进行讨论或者有不一致的行动。整个王国都是和谐统一的气氛，这似乎都是约定俗成的传统，是被规定好的团结一致，每一只蜜蜂也都知道伙伴彼此的想法。现在是整个历史中最为严肃和残酷的时刻。现在它们面临了三四种选择，而每一个不同的选择在未来都会导致不同的命运，即使是最小的偏差，也会导致不可收拾的灾难。物种的繁衍生息、王国的财富、人口的保存，每一个问题都是要让它们选择的，只有一个是它们的正确方向，而物种的繁衍对于蜜蜂是天职，是一切激情的来源。有时候它们也会有错误，连续进行三四次分蜂，这样原来繁荣热闹的城堡，就会因成员剧减而过于冷清，导致整个王国弱不经风，没有基本的生存能力。寒冬一到来，它们会畏惧萎缩，完全臣服于寒冷。寒冷对于它们来说是突如其来的敌人，因为它们适应和喜欢的是一种温暖的气候，而且深深地沉迷于阳光的温暖之中。在这样的情况下，它们会集体染上一种"风热病"而备受折磨，就好像平日里我们感冒发烧一样的感觉。

在蜜蜂面临的所有决择中，没有一个是必须要做的；如果我们仅仅是要做一个称职的观察者，那么绝对是猜不到它们的最后决定。它们是深思熟虑后再做出一切决定的，有一个事实可以证明：当空间扩大或者缩小了，它们的选择也会改变。或者我们拿走充满粮食的巢穴，给它们留下空的房间，里面会有很多工蜂的巢穴。

它们并没有任性和盲目地考虑是不是要立即出发，进行第二次或者第三次分蜂，这的确是有诱惑力的。可是它们却一致地采取行动，使得第一个小蜂王出生后的三四天可以进行第二次分蜂，第二只小蜂王出生后三天进行第三次分蜂，从而册封第一只小蜂王为原城堡的新国王。不得不承认，这是个完美的推理行为，集结了很多成熟方案的经验，和蜜蜂寿命来比较，你就会发现它们的确花费了大量时间来做这样的考虑。

工蜂的所有决定都要考虑到对襁褓里的小蜂王的照料和保护。假设"蜂巢之灵"已经下达了命令，它们必须要进行第二次的分蜂，此时仍然有两个选择：允许第一只出生的皇家小公主，也就是前面我们提到的那一只，毫不留情地杀死它的姐妹；或者选择继续等待，一直到它完成"婚飞"仪式，当然这恰恰决定了整个国家的命运和未来。第一个方案是实施立即的屠杀，不一定会被允许，而如果是第二个方案，它们是出于对第二次分蜂的考虑，还是考虑到了婚飞的危险，这个我们就不得而知了。经常会有这样的情况，也许是由于天气的突变，也许是因为其他的原因，它们会突然改变自己的决定，推翻之前所有的决定，而且将细心关照的王室后裔无情杀掉。现在，让我们排除它们第二次分蜂的可能，而且已经接受了危险的婚飞仪式。护卫蜂在前面为小蜂王开道，它非常匆忙地赶向大摇篮。当它看到第一个摇篮时，会毫不犹豫地冲过去，丝毫不会掩盖自己的嫉妒和怨恨，用牙齿和手爪撕烂蜂蜡，撕烂包裹小公主的摇篮。这时候如果小公主已经成型，小蜂王会转身用毒刺插进它的育囊，致其于死地。对手的死亡使它安心和满足，慢慢恢复平静，接下来会走到旁边的摇篮，故技重施。如果是一个构不成威胁的幼虫或者蜂蛹，便会放心地扬长而去。就是这样一直地忙碌下去，直到自己已经没有了力气，无力前行，爪和牙只能在蜂蜡上轻划，没有了任何意义。

随从的工蜂们只会一动不动，目睹一切，任由它的任性，只有需要引路的时候会动弹一下。可是，每当一个摇篮被消灭后，它们就会迅速地清理现场，把蜂卵的尸体，甚至是一些还活着的幼虫扔出王国，之后趴在巢穴周围吸吮蜂蜜，贪婪饱食。更残忍的是，当小蜂王在大肆屠杀后没有了力气，它们便会自发地帮助统治者完成它的意愿，毁灭所有无辜的蜂蛹，蜂王的政敌将永远不复存在。

在这个神秘的王国，这是最为残忍的时刻，也是唯一的一次对雄蜂的大规模屠杀。这会在工蜂之间出现分歧，导致一部分工蜂死亡。这里就是自然界生存法则的一个小缩影，往往都是情场得意者会立即招来暴死之刺。

当然也存在一种两只小公主同时孵化出来的可能性，但是这也是极为少见的，因为蜜蜂会尽可能地防止这样的事情发生。假使这样戏剧化的事情真的发生了，那么当它们从襁褓中爬出来的一刻，一场生死决斗就会拉开帷幕。休波也成为了第一位描写这个精彩场景的人。蜂王绝对和普通的蜜蜂不同，它们总是会以特别的方式打开自己的护甲，毒刺伸出的一刻，对彼此都是极为危险的。传说伊利亚特战场上总是会出现某位女神相助，我们也可以想象，这里也应该会出现某神灵，或者是掌控这个王国的灵魂来裁决。两位小公主也被这样的情形吓着，各自飞起来，没有多久就会重逢，假如两次灾难同时降临这个国度，它们会又一次分开。若有一次，一只发现另外一只很笨拙容易被攻击，就会发出攻击，趁机杀死它而不会对自己构成威胁。种族法则就是只需要一次牺牲。

所有的政敌都被消灭，再没有任何的摇篮了，此时，所有的子民接受了这只小蜂王。当然，在婚飞之前，它还不能完全地掌控整个国度，被所有的子民敬仰崇拜，好似它们的母亲一样被爱戴。它在受孕前，受到的待遇都是不冷不热的，只是浅浅地敷衍。它们的一生很少会是如此的相安无事，由于蜜蜂几乎不可能放弃第二次的分蜂。假如这样的事情发生了，和之前相同，蜂王会受到一样的愿望诱惑，急速靠近皇家的摇篮，但是，这次没有那些保驾护航的蜜蜂了，反而却有一批士兵挡在了它的面前。愤怒的小蜂王不会轻易放弃它的决定，毅然决然地向前冲，或者绕开那些障碍。可是，很多关卡都是为了保护那些还在睡觉的小公主。它依然不放弃，坚持攻击它的政敌，即使遭到越来越多的反抗。精疲力竭后，它明白了，这些忠于职守的工蜂代表了一种规定，在一切王国规定面前，它能做的只有屈服。

它不情愿地走开，游走在小摇篮之间，没有达成的愿望使得它更加愤怒，它的叫喊和愤恨的宣泄是每个养蜂者都可以明白的，愤怒的抱怨声像远处传来银色的战鼓声，亢奋而低沉，清晰透彻，夜晚更加明亮，在距离王国两三米之外也可以听到。

皇亲国戚的这种叫骂对工蜂起到了神奇的效果。它们会倍加恐惧这样的权威，会出现恍惚的状态，小蜂王走到每一个摇篮前，但是遭到了阻拦不能进入，它就会这样咒骂，阻拦它的工蜂马上停止了动作，头向前低下，直到骂声停止。

我们可以充分相信，这样的叫骂声具有一种权威，所以被总是不怀好意的斯芬克斯阿特洛波斯蜂学会了，可以随时到其了王国偷取蜜汁，而没有蜜蜂会怀疑它们。

连续的两三天都能听到这样的叫骂声，这样的愤怒有时候会持续五天，小蜂王用这样的形式向它的敌人表示不满和挑战。对于那些小公主来说也是种挑战，期盼阳光的照耀，不停地想快点啃开巢穴上的盖子。一场王国的混战马上就要开始了，这是令人惶恐的。王国的守护神们正在做出决定，它们似乎也得到了指令：以后的每一个小时都是紧张的，它们明确了自己的任务，才能防范一个被失败冲昏头脑的进攻，而且要牵引两种相反的力量达成共赢的效果。工蜂知道，如果现在这些刚刚出生的小公主一旦逃跑，它们一定不会逃出那残忍姐姐的毒针，小蜂王是无法阻拦的，它会将它的妹妹一个个地杀死。所以当小蜂王在牢笼中挖掘的同时，工蜂们在另外一面继续努力地堆着新的蜜蜡，恰恰是里面小蜂王挖掘的数量，它们似乎在保持着一种平衡。当然小公主正在奋争，并不知道自己将要面临的是一个魔鬼一样的对手，就来自同样的一个废墟。周围都是敌人的叫骂声，已经知道自己的身份和责任，即使它没有见过自己的家园，不知道自己的生活是什么样子，可是它依然像一个王者一样接受了所有的挑战。它同样报以自己的呼喊，但是低沉和窒息，因为它需要穿透自己襁褓。黑夜慢慢爬上树的枝头，一片寂静，只有星星在高空审视一切，而我们会在这个神奇的国度门外发出疑问，尽量去理解和分辨它们的对话，这对话来自流浪中的老蜂王和现在处于囚室的新蜂王之间。

当然，对于经过长期孕育的小公主们来说，它们获得生命的同时也充满了活力，同样可以飞行。与此同时，小蜂王的力量也同样得到了积累，这段时间的禁锢也让它变得更加强大，它再不会惧怕旅行中的各种阻碍。所以，第二次分蜂的时刻已经到来，或者说是又一次的"分家"时，小蜂王成为了这次飞行的头领。它刚刚离开，王国中的工蜂就解救了襁褓里面的小公主，可是命运会重复着相同的事件，三到五天的愤怒叫喊后，第三次的分蜂将会进行。接下来，它们要面对的就是残酷的"分蜂热"，这个城市将会再次沦陷。

斯佤默当讲述过一个蜂窝的故事，揭示了蜂群如何分蜂，这些蜜蜂又会如何返回，往复循环可以在一个夏季出现至少 30 个蜂群。

蜜蜂繁殖的速度之快，在冬天过去后得到了人类的关注。我们几乎可以肯定的是，它们触及了大自然太多的秘密，所以才会意识到威胁自己王国的危险所在。但是如果是普通时节，蜂房是管理严格的地方，绝对不会出现多次分蜂的现象，而且有些蜂窝甚至不会出现第一次的分蜂。

在通常情况下，第二次分蜂后，蜜蜂王国不会再面临"分家"风波，如果会有这样的情况出现，大概是因为它们发现粮食储备的缺乏，要么是令它们担忧的天气发生了变化。若当真发生了这样的危机，第三只蜂王会被迫杀掉俘虏，让一切生活秩序重新步入正轨，所有成员的工作热情得到了提高。由于工蜂还不成熟，王国人数锐减，资源不足，冬季来临前它们需要花费强度很大的劳动才能补足需求。

几次的分蜂几乎是一模一样的，条件也几乎相同，只不过后面两次的蜜蜂数量会减少，同样的，没有侦察员，就不会像第一次样谨慎。除此之外，因为没有阻碍而产生的热情，小蜂王会努力地飞行，距离更加远，远远超过第一阶段飞行的距离。由于第二次和第三次的迁徙是轻率或者任性的，同样给未来带来了威胁。而代表未来的蜂王，体内还没有孕育生命的迹象，它们所有的赌注都压在了之后的婚飞仪式上。而很多的事件都可以造成一次灾难，例如路过的鸟儿，突来的雨滴，一阵小风，一个误会等等。可是蜜蜂们已经很熟识这样的危险了，当处女蜂王分蜂去寻找自己的爱情时，工蜂们已经不再考虑自己的生命，还有那个已经形成的王国，它们就是一个整体，伴随在蜂王左右，恐怕它消失不见。工蜂用自己的翅膀围拢遮盖着蜂王，怕它被爱欲冲昏了头脑，走得太远，迷失方向，再也找不到回家的方向和路线。

对未来的希望和信仰是强大有力的，每一只蜜蜂都不会被一些不确定性吓倒，没有一只会退缩不前。第二次和第三次分蜂后的蜂群，依然也有着相同的勇气和热情。当王国宣布成立的一刻，每一只小公主都会迎来它们忠实的奴仆，工蜂们会寸步不离地保护它们，因为有可能失去的东西实在太多，而获得的东西除了本能欲望的达成外又变得太少。那神奇的力量来自哪里，为何要与过去诀别，就如同对待仇敌一样冷酷？又是谁选择了第一批出发的蜜蜂，而命令剩下来的留守城堡？没有特别的特征和迹象可以划分出出发和留守的两批蜜蜂，都存在着老幼，老的蜜蜂会逼迫着小的蜜蜂运粮，而小工蜂不得不要去面临它第一次蓝天下晕眩的飞行。每一个蜂群都是均衡的，没有偶然性的支配，任性的沮丧和思想本能，或者感情用事都不会起到任何作用。我始终想弄明白，分蜂蜂群的蜜蜂数量和留守下来的数量之间的比例关系，而这样做是很困难的，没有办法用数学来精确地衡量，但是可以推断这样的联系——假如我们关注了孵化室，或者说将要出生的蜜蜂——比较稳定，就说明蜂巢之灵拥有神秘且实际的计算方法。

对于蜜蜂危险而又非常频繁和复杂的冒险飞行，我们并不想跟踪解释。有时候会出现很多个情况，比如两个蜂群汇合到一起，或者两三只被软禁的蜂王会利用分蜂的机会躲避看守它们的工蜂，混入蜂群中。有时候，一只蜂王被公蜂们包围，它会让自己在飞行期间受孕之后，把所有的蜜蜂都带到远离王国的地方。凭着养蜂人的经验，第二次和第三次的分蜂后，小蜂王们最后会回到最初的家园，也就是说蜂王们最终会相聚。工蜂们自然都会聚集在一起，等待和观察着马上到来的王者之战。当胜负已出后，强者成为统治者，而弱者的下场就是被工蜂们一丝不苟地抛出王国，它们对于工作的热情和混乱对的痛恨完全表现出来。对于过去，它们早已不记得，只是再次为了财富飞翔于万花丛中，而鲜花已经等候它们多时了。

现在我把话题重新拽回到蜂王身上，这样会比较容易说明它要经历多少的困难。这个时候，工蜂们似乎允许蜂王杀死它的政敌，即使那是它的姐妹。前面我们已经提到过，这样的行为时而被鼓励，时而被阻止，这样就说明它们不希望有第二次的分蜂活动。经过观察我们注意到，每个王国有自己的统治思想和政治倾向，就好像人类社会中的不同种族和国家。当然，大部分的蜜蜂都是鲁莽地盲从决议，假使蜂王死去，或者在婚飞中出现意外，工蜂的幼虫也已经超过了成为王者的年龄，没有可以填补蜂王的位置。假如这一切都已经发生，第一只出生的公主，必定是这个王国独一无二的王者，被万民膜拜，虽然它仍然仅仅是个处女蜂。它要做的就和老蜂王一样，在 20 天内遇到自己的爱情。如果不幸地遇到了某些原因阻止了这样的爱情发生，或者超过了这个期限，那么它的身体将永远是洁净的，但并不是不能生育，我们曾经看到过。这里就存在了一个大自然的神秘而伟大的法则，就是单性繁殖的法则。很多的昆虫都具有这样的本领，例如蚜虫、蓑蛾属的鳞翅目、膜翅目昆虫等。之前我们同样说过，蜂王可以不经过受孕产卵，但是最后孵化结果只能是公蜂。在蜜蜂王国中，公蜂是完全不劳动的，只是一味依靠雌蜂过活，除非是为了自己，它不会去采集粮食，其实它们根本没有养活自己的本事，就这样过不了多久，所有的工蜂会累死，宣告了这个王国的瓦解、种族的灭亡。当然蜂王产下的雄蜂都是健康的，每一只都带有数百万计的精子，可是这些精子根本进入不到母蜂的体内并且繁衍下去。在我们讲述了这么多关于蜜蜂的事情之后，这也许不能让你感到惊奇。当然，每当人类思考或者谈及繁衍生息、传宗接代的问题的时候，一些令我们诡异不解、始料未及的问题就会展现在眼前，比一些不真实的神话传奇里的故事出现得还要频繁，时间久了，所有的新奇都会被适应，我们也就不这么大惊小怪了。可是，从另外一角度来看，自然界的法则的确为了这些懒惰的雄蜂而牺牲了勤奋的工蜂，让我们百思不解，这里面究竟存在何等的奥秘？是不是担心母蜂不能经受诱惑而限制了数量？虽然这些寄生虫具有混别性，但也是必须存在的？再就是对蜂王的无能表现的一种过度惩罚？我们现在观察到的，是不是一种盲从和极端的警觉行为，它忽略邪恶的产生，同时省去了解救方法？难道是为了提防一个不幸，就造成另外一个灾难？即使不应忘记现实和天生的差别，可是现实的确有所改变，原始状态的蜜蜂生活在森林，分布较为广阔，但是现实蜂王的生产力下降，是由于雄蜂的缺失，森林中的雄蜂总是数量庞大，到处飞行，而现实的雨水和寒冷，把它们逼迫得只能躲在蜂房中。大部分的母蜂翅膀根本没有发育成熟，无法飞上高空满足雄蜂的要求。我们曾经发现过，没有母蜂的王国，有些工蜂也是能产卵的，可以保住王国的未来，尽管它们的卵巢早已经萎缩，它们依然要努力产卵，它们在愤恨的情绪中产卵，并成功地孵化，可是到头来也和未能受孕的蜂王一样，新生命只能是雄蜂。

我们猜想，也许是一种粗心大意的高级职能掌控并且干涉了这种具有智慧的小东西的生命延续。在昆虫的世界中，这样的阻碍经常会有，对它们仔细观察并进行研究必定会受益匪浅。蜜蜂世界的人口太过拥挤，相比其他昆虫的世界也更为复杂，自然界的某些特殊的愿望常常会以独特的形式呈现在我们面前。有时候它用实验结果向我们揭示它的欲望所在，虽然在我看来这些实验都是尚未完成待续的。例如，一个普遍存在而宏伟的欲望，并处处被展现，即通过强者的胜利来巩固和发展某个物种。通常，这样的斗争都是经过周密安排的。成者为王败则寇，这是千古不变的真理，胜利可以冲淡所有的残忍，结果显现出来后，很多事情就不值得提起，或者说再去探寻就毫无意义了。

可是凡事都有例外，大自然并没有足够的时间去规划所有的事情，有的时候，即便是胜利者，也不一定有回报，而且它们的下场也许和失败者同样的悲惨。说到这里，我们手头儿就有一个鲜活的实例，那就是芫菁属中的三爪蚴。从细节来看，它的故事比你能想象出来的故事更真实、也更接近人类的历史。

三爪蚴是芫菁科甲虫的一种幼虫，常寄生在喜欢独处的三爪蚴身上。三爪蚴是种野生分舌蜂，常把蜂窝建在地下坑道里。三爪蚴喜欢隐藏在地下，当克里迪斯蜂三五一群靠近它们时，三爪蚴们就会对克里迪斯蜂发起攻击，将它们自己隐藏在克里迪斯蜂茸毛中。

如果是强者和弱者的直接斗争，那么结果不言而喻，结果自然会遵循弱肉强食的自然法则。但是三爪蚴有它们自己的特殊本领，当然它们的本领也是历经自然选择而保存下来的。一开始它们会一直保持沉默，好像蜜蜂身上压根地没有它们的存在一样。那些蜜蜂还是会完成自己的神圣使命，如建造自己的王国，采集粮食，储备物资等。在这些过程中，三爪蚴们只是耐心地等待。可是，如果蜂卵诞生了，它们就不会再沉默，便会趁机对蜂卵下毒手。淳朴的克里迪斯蜂事先可说毫无察觉，它们一如继往地把食物和蜜卵一同封存在巢穴中，殊不知那些蜂卵即将一命呜呼。

封好的巢穴并不平静，三爪蚴开始了它们的残酷的自然选择——互相厮杀，这似乎是自然界的安排。强壮有力、较为凶狠的三爪蚴会抓住弱小的三爪蚴，将它高举，放在额下几个小时，直到它断气死亡。与此同时，在另外一个战场上，另一只三爪蚴也许没遇到它的竞争对手而独霸一枚蜂卵，将它弄破，妄图独享蜂卵中的糖浆。胜利来得太容易，以致于这只被饥饿俘虏的三爪蚴死死抓住蜂卵，几乎到了忘我的状态，丝毫没想着保护自己。结果，它会被一只闻迅过来的三爪蚴很快干掉了。如此反复厮杀，最后剩下的一个胜利者，就是这枚蜂卵的最后占有者。

它会将头伸进被弄开的小口子里，开始独自享受丰盛的晚餐，之后它将成为一只最完美的虫子，完成它的进化。当然大自然的安排永远是完美而精确的，它虽是最后的胜利者，能独自享受这枚蜂卵，可是如果这枚蜂卵已被别的三爪蚴吸吮过，或者说这枚蜂卵已不够完整，这只三爪蚴也完不成它的进化。依照马耶先生的说法——所有令人毛骨悚然的危险活动都是由于战败者死前可能吃过一口蜂卵，那么胜利者还是不能达到充足的营养，结果也会死去，或者粘在蜂卵的摇篮上，或淹死在糖水里。

这样的例子虽然不容易看到，可是自然界很少有独一无二的现象。想尽办法生存下来的三爪蚴，赤裸裸地向我们展示了它的意志与自然界普遍存在的意志的抗争，这个抗争不仅仅有关于三爪蚴的存活，而且是关乎生存条件的改变与提高，希望可以打破自然界对它们的限定。结果由于某种奇妙的忽视，自然界本身促进的改良却没有达成强者生存的法则，当然如果不适机缘发挥了相反的作用，使得单独的个体可以避免强者获胜的命运抉择，那么，可能克里迪斯蜂早就绝迹了。

如此看来，这样不被人察觉，而且强大的力量是不是一直在证明，它保护的生命和决定都是正确的？那么弱小是不是打败强大的最终幻想，当到达极限时，也许还是要依靠理性？如果这真的就是真理，那么谁来拯救弱小？

我们现在还是要谈到孤雌生殖，它是不可抗拒的特殊繁殖形式。不能不说，可能需要面对如此命运的世界和我们距离遥远，然而，问题的存在与我们还是息息相关的。我们不能否定，在我们的世界里就没有被干涉的事情发生吗？可能那时更加不容易被发现，但是危险系数不会有所降低。现在摆在我们面前的事实，到底哪一个才是正确的，是大自然还是昆虫呢？如果蜜蜂更加顺从自然，是不是会具备更高的智慧？假如蜜蜂更加能够追随和满足自然界的欲望，只是大自然召唤雄蜂，就无限制地繁殖雄蜂，那么将会形成怎样的局面呢？最后难道不是整个族群的灭亡吗？我们不能不考虑，是不是大自然的意愿越来越多地被我们理解，反而带来了危险，极端热情地去完成它的愿望也是致命的，况且，它其中一个愿望就是永远不被我们完全地猜透和跟从，不是吗？我们不敢猜想，其中是不是有关乎人类命运的危险呢？同样我们也发觉了自己身体中有种力量，正在阻挠我们智力能达到的事件发生。我们的智慧每每达到了极限，却不知道方向在哪里，是不是应该被这样的力量吸收，并且为它赋予更重要的意义。

单性繁殖中存在的危险，我们可以做出自己的结论，自然界并不是总能使目的和手段相匹配，它想保存下来的东西，有时候是利用了它本来设计的方法相反的形式才能存留下来的，而且这样的情况往往超出了它的预测。可是，什么是它要保存的，什么又是它已经预测的呢？当然很多人认为，大自然就是我们用来掩饰自己无知的代名词，没有证据表明大自然的智商，同样没有办法证明它的目的。事实上是这样的，我们好像拥有一个瓶子，里面装的是宇宙的一切概念。我们努力地在贴标签，把那些我们把握不住、解释不了的东西归结为"未知物"，而且根据它们的重要性起了名字和排序：自然、生命、死亡、无限、抉择、灵魂之神等等，当然还存在很多我们不能理解和解释的东西，前面都附上"上帝、神明、轮回、宿命"等字样。如果人类再无追求，就可以这样，不要再加追究。当然，瓶子中的一切都还是含糊的，但是对于一个事实我们还是受益的，那就是被贴标签的一切对于我们是危险减少了，因为它们是可见的，可以触碰到的，可以听到的，可以感知的。

无论瓶子被贴了什么标签，其中最大最醒目的一定是"自然"两个字，因为它的确具有一股被封存的能量，最为真实的力量，可以维持这个星球上数量最多、品质惊人的生命的力量，存在的方式如此绝妙，远远超出我们的想象。那么其他的方式依然可以保持如此的质量以及数量吗？我们自以为找到了保持的方式，而实际上这一切只不过是一种偶然的巧合，是数百万生命体在残酷的生存竞争后侥幸存活下的一个巧合，它们并不具有普适性，这对我们来说算不算是自欺欺人呢？

其实对于我们来说，这些幸运的机会就像是上了一堂绝佳的课，它们与我们在更高的领域获得的知识一样重要。假使我们的视线能越过那些具有智慧和意识的高级生物，去关注一下作为动物界代表的第一批原始生物，会发现即便像黏菌这样最低级的生命体，也拥有自己的欲望和偏好。同样，尚不曾拥有明显组织的纤毛虫类，也偶尔会表现一下它们狡黠的诡计，著名的显微生物学家卡特已向我们详细地证明了这一点。例如，经常会偷偷伏击刚刚出生的新生兜甲的阿米巴虫，在等待中是非常耐心的，它们知道刚出生的兜甲是没有毒触手的。

很明显的，阿米巴虫是最低级与简单的昆虫，甚至没有神经和器官。再退一步，我们可以来看看植物，它们一动不动，几乎在大地上暴露无遗。其实在植物里也有表现成为肉食动物形态的，比如德鲁塞拉，在我们认为它几乎是最无头脑的花朵，它也能给我们带来惊喜，它们清楚地知道并利用蜜蜂的访问来实现自己的异花授粉目的。乡下最不起眼的紫色兰花，当你看到它们精确的花粉块儿会自发地倾斜附着时，就能发现它们为达到目的，惊人地将蕊须和花粉腺结合在一起。野生红根草可以均匀地摇曳它的触须，是为了可以碰触到邻近飞虫的特定部位，使之与花柱头接触。这样聪明的植物还有马先蒿，它也可以精确算出蜜蜂的活动频率，使蜜蜂可以粘住它的柱头。这三种花的器官就像机枪的灵敏扳机，不论蜜蜂飞进哪一种花里，花儿都会好像迅速扣动了扳机，迅速准确地击中目标。

拉斯金的《粉尘间的伦理》也记述了相同的内容，充分描画了晶体的习性、本质和技能，它们的计划似乎比我们能够想象的还要久远，当一种异物企图入侵某一物体时，且不论异物与此物是否会发生争执，也不论生物是否能愉快融合，或者说坚决排斥，原本弱小的异物却有机会打败强大的物质，入侵进去，比如卑微可怜的绿帘石征服了万能的石英，使其俯首称臣。还有透明水晶和铁元素之间发生的反应，时而可怕，时而壮丽动人。还有一种玻璃体可以有规律地膨胀，而纯度没有丝毫改变，不容纳任何杂质，而相反同物质体确是病态百出，很明显的是杂质产物，同时也可以吸收各种不纯之物，在空间里空虚地扭动。我曾经看到过非常陌生的技术，是劳德·贝尔那得提出的水晶生疮和修复的过程。我们还是关注绚丽的花朵吧，因为它们起码和人类是有一定联系的生命体。现在我们研究和讨论的不是单一的动物或者植物，而是强加于它们的一种特殊的品质和智慧的意志，这种意志是支撑它们生命的根本。在没有得到肯定之前，我们相信，花朵并不具备动物一样的智慧，因为花朵中没有一个器官可以是意志、智力和行动的导出者。由此推断，它们之间的一切只能表现应该都来自"大自然"。个体的智慧不再是我们唯一关心的，而是开始寻找那种无意识的、专属的能量。关于这个问题，我们能否不相信植物的陷阱是单纯的偶然现象，它们只是偶然发生的日常活动？现在我们还不能如此地武断。但是我一定要强调，如果没有这样的设计，花朵绝对不可能繁衍生息，代替它们的会是不能靠异花授粉的植物。其实在我们的星球上，少了一种花朵并不会引起任何人的注意，也不会因为少了一种生命体就少了一种智慧，或者少了一种惊世骇俗的东西。

　　不能否认的是有着智能和聪明外在表现的行动都会引导和持续幸运的机会。而它们到底来自哪里？难道是天生就有，还是吸取了哪种强大的力量？我从来不认为这是不重要的，而恰恰相反，这个谜题的答案是极为重要的。到底是花朵在努力维系着自己世界的平衡来美化自然界，还是大自然用自己的力量维系和改善了花朵的生存状态？或者说，是不是机会本身就控制着机会？很多的相似和巧合，使我们不得不相信，一个来自某个地方的，相当于我们崇高思想的物质，在我们不知道它的出处时，已经被迫颂扬它了。

　　不能否认，在我们看来并不正确的东西，有时候也来自统一源头。同样的，尽管我们知道的不多，却有很多证据说明了我们看似不正确的东西，有时候就是无法掌控的智慧之举。在我们视野所能及的区域，人类常常收到讯息，近看是自然界的巨大错误，可是长远来看却是它安排好的受益良多的计划。我们上面提到过的三种花，虽然天生不能自身受孕，而是借助于外界的力量帮助自己受孕，这样是有利的习性。大自然给它一个不能处理的缺陷，同时又给了它一个可以弥补的技巧。这是我们人类完全不能想到和理解的。通往它天才的小路，似乎也不能被理解，表面看它落入一个陷阱——假定的确有一个陷阱——没有想到在天赋不足的时候，技巧还是及时地进行了补救。无论我们的方向在哪里，它永远都是高高在上，不能动摇。一切都好像是广阔的海洋，无边的水平面，人类大胆的假设和独有的思想，就好像是击不起浪花的浮萍一般。当然，它好像拥有一种随时控制生死的能力，用它独有的华丽而贵重的武器，武装那一对无法同在的姐妹。

这一个神秘的能量是不是准备要控制已经开始挣扎的东西，也许我们可以这样表达，开始有挣扎意志的东西，同时是否需要自我的保护，不受到外界其他生命天赋的影响呢？这个问题始终是要有答案的。一个物种的繁衍和发展，是不是有这样高级意识的控制？还是与自己的努力毫无关系？或者纯粹只是靠自己的努力得以存活？我们是不得而知的。

我们可以肯定的就是，的确存在这样的物种，而且，在这个方面，大自然是准确无误的。但是，没有人能告诉我们，由于它的疏忽和不稳定的习性，有多少物种已经消失不在。除此之外，我们只能识别我们概念中生命的流质表现出的使人惊讶和有时并不善意的物质形式，这种表现有时是完全的无意识行为，有时是有意识的展现；这样的流质令人类和其他物种一样欣欣向荣，萌生辨别它的想法，还有尝试讲述它故事的细小声音。

现在我们来研究一下蜂王受孕的过程。大自然在这件事上再次采取了特别的方式来撮合属于不同种族的雄蜂和雌蜂；一条看上去并不能迫使它遵守的奇怪准则；一个需要用它能力所及的强大力量来修复的任性的想法，或者可能是最初的不在意。

如果它能把浪费在交叉受孕和其他专制欲望上的天赋拿出一半来放在稳定生活、减轻痛苦、缓解死亡的打击以及避免恐怖的事故上，那么相较于我们目前努力解决的这个谜团而言，宇宙也许会呈现出一个不那么复杂、不那么可悲的谜。我们对于生物的意识和兴趣，应该着眼于是什么，而非曾经可能是什么。

在处女蜂王身边，与它一同在蜂巢中居住的是数百只生机勃勃的蜂，它们永远沉醉在蜂蜜中，存在的唯一意义就是进行一次爱的活动。但是，尽管两个欲望的不停接触在别的地方一定能战胜所有阻碍，在蜂巢中这种结合却从来没有发生过，也从来不可能让一只无法行动的蜂王受孕（麦克莱茵教授最近成功地用人工方法让几只蜂王受孕，但这是最精巧和复杂的外科手术的结果，而且，蜂王的繁殖能力受到限制，时间非常短暂）。虽然她就生活在他们之中，这些情人们却并不知道她是什么，他们到处寻找她，一直找到地平线的远方，却从来都没想过在这一刻与她擦肩而过，与她挤在一处，在着急离开的时候与她的绒毛刮蹭在一起。有人可能几乎相信，那如同一顶闪亮的头盔覆盖在头上的无数只眼睛认不出她来，除非她在蔚蓝的天空中飞翔。每天中午到下午三点，当太阳光芒万丈地照射下来时，这个有翅膀的游牧民族便出发去寻找那个新娘，她比童话故事中最难接近的公主还要尊贵，也更难征服；因为20到30个群落会从附近的城市出发，它的后院中会聚集超过10000名追求者；这里面只有一个会被选出来进行独一无二的即时之吻，这会让她感到幸福，但同时也一步步接近死亡；其他人只能无助地围在这纠缠的一对的周围，不久之后就会消失，再也看不到这一特有的致命景象。

我对自然疯狂而惊人的浪费并没有夸大。按照一般的规则，管理最好的蜂巢中会有 400 到 500 只雄蜂，差一点的或者已经退化的蜂巢中则会有 4000 到 5000 只雄蜂；因为一个蜂巢越接近灭亡，它产生的雄蜂就会越多。可以这么说，平均而言，一个包含十个族群的蜂房，在某个时刻可能会向外界放出 10000 只公蜂，当中最多只有 10 到 15 只有机会进行那个它们为之而生的行为。

这个过程中，它们个个耗尽城里的给养，每只雄蜂都需要五到六名工蜂永不停息地劳动，才能维持它奢靡而又贪婪的悠闲生活，它的作用完全局限在上下颚上。但是自然在处理爱的特权时总是那么优待。只有在安排发放劳动器官和工具的时候，她才会变得吝啬。在人类称之为美德的那种东西上面，她尤为严厉，却在那些最无趣的情人的道路上布下了数不清的宝石和恩惠。"结合然后繁殖，除了爱之外再没有其他的规则或者目的"，这看上去是她站在各方角度上所发出的永恒的呼唤，但是她可能在对自己低声说道："然后能活就活下来，但这跟我无关。"无论我们做什么、想什么，在我们经过的每一条路上都会发现，这个道德与我们自己的道德大相径庭，也记录下了她不公正的贪婪和恣意的浪费，在那些相同的小东西中也是一样。从出生到死亡，那些简朴的采集粮食的蜜蜂不得不穿越边界去寻找藏在丛林最深处的各种花朵，不得不去发现那隐藏在蜜管迷宫和花粉囊最秘密之处的花蜜和花粉。跟雄蜂比起来，它的眼睛和嗅觉器官算是弱的。那些雄蜂几乎已经瞎掉，四于它们只有最基本的嗅觉，它们很少会受苦。它们不需要做任何事，不需要出去狩猎；它们的食物都被准备得好好的，它们的一生都在蜂巢中阴暗的角落里舐食着壁上的蜂蜜度过。

但它们是爱的使者；而且这些最大的、最没用的礼物向着未来的深渊挥舞着双手。1000 只雄蜂中只有一只，在它的生命中有机会在广阔的蓝天中发现那个尊贵处女的足迹。这只雄蜂只有一瞬间去追赶那只不想逃走的雌蜂，这就足够了。这股偏爱的力量野蛮地甚至是极其兴奋地冲开了它的宝库。这些成功率极低的情人中，有 999 只会在第 1000 只蜜蜂那场致死的婚礼后被杀死，它在它们头部两侧各安放了 13000 只眼睛，而工蜂却只有 6000 只。根据切希尔的计算，它在它们的每只触须上都安放了 37800 个功能腔，而工蜂两根触须上的功能腔加起来也才 5000 个。我们有个例子来证明，在它对爱毫无保留地给予和对劳动吝啬的施舍之间，在它因为可以销魂地制造生命而给予的好处和它认为必须通过不停劳作来维持生活的冷漠之间，都存在着普遍的不相称；无论谁想忠实地描述自然的特点，根据我们所发现的特征，都会设想出一个非常的图像，跟我们的设想完全不一样，但这个图像只能从它那里发生。但是人类不了解的事情还实在太多，对于这个大部分都是深深的阴影，只有一两个忽明忽暗的亮点的肖像，我们还远没有办法去评价它。

我想应该很少有人能够亵渎蜂王婚礼的秘密，它总是在一个晴朗的天空中那无限闪光的圆圈中发生。但是我们能够看到新娘被选出来后离开时的犹豫以及它残忍的回归。

尽管它非常急燥，它还是要选择属于它的那一天，那一个小时，在大门口徘徊着，直到一个非凡的早晨撞开蓝色天穹深处婚礼空间的大门。它热爱这个露珠依然湿润着花朵和叶子的时刻，将要逝去的清晨的最后一缕芳香还在和燃烧的白天争斗，就像一个少女被强壮的战士抱入怀中；从日出时便持续着的清晰呼喊一再地穿透接近正午的平静。

然后它会出现在蜂房门口。如果它离开了，蜂巢中还有其他的姐妹，它就会在一群冷漠的采食者中间飞行。如果蜂房中再没有其他的小蜂王，它就会被一大堆发狂的雄蜂包围。

它以倒飞开始，回到降落板两三次，然后，确实掌握了这个它从未自外向内观察过的王国的精确情况和朝向以后，它像一支箭一般冲向蓝天的最高处。它冲向一个顶点，一个明亮的区域，其他的蜜蜂一辈子都无法飞到这样的高度。那些远远地在花朵中享受悠闲的雄蜂们看到了这个神奇的现象，呼吸到了这个从一个蜂群传到另一个蜂群，直到附近的所有蜂房都被充满着吸引人的香气。蜂群瞬间便聚集起来，跟着它飞向那平静的边际不断后退的欢乐的海洋，她沉醉于自己的双翅，遵照为她选择情人、规定只有最强大者才能在孤独的苍天中得到它的那个强大的比赛规则，它依然在上升。在它的生命中，清晨蓝色的空气第一次冲进它的毛孔中歌唱，就像天空滋养的进入它气囊中无数的管道，填满她的身体。它依然在上升。它必须找到一个鸟类不经常出没的地方，否则这个秘密就会被人发觉。它依然在上升；下方那不协调的大军已经开始减少和破碎，那些老弱病残、不受欢迎的、营养不良的、从闲散或者落后的城市出发的，都宣布放弃追求，消失在虚空中。只有一小群不屈不挠的蜜蜂还在无尽的天空中坚持。它扇动翅膀最后再努力向上飞一次，这时那不可思议的力量所选出来的情人已经接近它，截住了它，跟它合力向上飞跃，有一秒钟，在那爱的敌对和疯狂中，它们纠缠在一起形成上升螺旋，再旋转起来。

大部分生物都有一种模糊的信念，就是死亡与爱之间只隔了一种透明的薄膜，那里非常危险；自然这种深刻的思想要求生命的给予者应当在给予生命的同时死去。当记忆中仍然充满亲吻的余味时，这种思想就被原始而简单地实现了。结合刚一完成，雄蜂的肚子就被破开，那些器官自行脱落，带出一大堆的内脏；双翅像被闪电击中一般松弛下来，空荡荡的身体在空中转着转着便跌入无尽的黑暗。

之前单性繁殖的时候，为了雄蜂不寻常的繁殖必须要牺牲整个蜂巢的未来，现在则是为了蜂巢的未来牺牲雄蜂，其实两种想法都是一样的。

这个思想总是令人震惊；我们对它的研究越深入，就越觉得难以置信。对于这个思想，达尔文的研究是最系统最热情的，虽然他很少对自己承认，他几乎每走一步都会失去信心，而且在到达不可预料和不可调和的事物之前便退却了。如果在你之前出现过人类天才与无尽力量斗争的丢脸而又壮观的景象，你只有跟随达尔文的努力，去提示那杂交体的不育和多产、特殊与一般性征的变异之间所存在的奇怪的、毫不相关的、不可思议的神秘规则。因为有太多的例外，他无法形成一项原则，但是这个完全被推翻的原则倒很乐意在某个角落找个避难所，以例外的名义保持一线生机。

事实是，自然的这个思想确实在同一时间以一种或者相同的现象展示着自己，无论是在杂交性、变异性（尤其是在被称为增长相关性的同时变异中）本能、重大竞争、有组织生物的地质交替和地理分布、双向亲密关系以及其他各种方向，可能是细心的或者偷懒的、吝啬的或者大方的、谨慎的或者粗心的、易变的或者稳定的、单一的或者众多的、好动的或者固定的、高尚的或者卑劣的。在她面前是广大的单纯的处女地；她选择用微不足道的错误填满它，让小小的矛盾规则充满在那里，就像盲目的羊群行走在狂野之中。真的，我们的眼睛在这些发生的事情面前，所反映出的只是一个与我们的需要和精神境界相一致的现象，但没有人能够保证自然已经看不到她漫游的结果和原因。

无论何种情况，她都不会允许他们偏离太远，或者进入到无逻辑或危险的区域。如果一种现象超越了一定的界限，她就会招呼生命和死亡，她自己控制的那两种永远不会犯错误的力量，它们会过来重新建立秩序，满不在乎地重新标出道路。

她从各个方面避开我们，拒不遵守我们大部分的规则，把我们的标准撕成碎片。一方面她深深地沉在我们的思想水平之下，另一方面却比我们的思想高出一座山。她看起来一直在犯错，在最后实验的人类世界里并不比最先实验的世界少。她认可芸芸众生的本能，大部分人都觉察不到的不公正，智慧与道德的失败，推进种族变化的枯燥道德观明显次于那些由细小的更加清楚的变动所孕育和期望的道德。但是，当他自问在这一片狼藉中寻求全部真理——包括道德真理和非道德真理，是否并不比从自身寻找更好，因为这些真理在那儿看起来会更加清晰和准确时，这样的思考会不会有错呢？

如果一个人有这种感觉，那他永远也不会尝试去否定其理想的原因或优点，因为那么多的英雄和智者已经把它神圣化了。但是有时候他也会悄悄对自己说，也许这个理想是在离众生特别远的地方形成的，其实他乐于代表众生多变的美。至今为止，他完全有理由担心，如果想让自己的道德合乎自然的道德，很有可能会毁灭她的杰作。但是现在他对她多了一些了解，她的某些回应虽然还是很模糊，却透露出意料之外的宽宏，他已经能够捕捉到某个计划或者智力的冰山一角，这可比他无助的想象力构思出来的要广阔。因此他不再那么害怕，也不再感到他自己特殊的道德和原因强加给他的关于庇护的专横需求。他明白了那个伟大的东西绝对不会教他任何会对自身造成减损的事情。他在想，把自己的信念、原则和梦想提交给一个更加明智的审查的时机是否尚未到来。

这次他没有任何放弃人类理想的意思。就连当初使他转移理想的东西也教他重新回去。对于那些拒绝加入到他努力实现的伟大计划中的人，拒绝把那些不如他想要的真理当作足够崇高的权威的人，自然不会给他们任何不好的建议。在他的生命中所有的东西都随着他成长，但绝不会改变自己的位置；当他发现自己正一步步接近那古老的美好的形象时，他知道自己正在成长。但是在他看来，所有的事情都改变得太自由，他可以不受惩罚地走下去，因为他有种预感，那无数连绵不断的河谷必将把他带到自己期待的高处。因此，当他追寻信念，当他的研究把他引向自己所爱的真理的对立面时，他会用人类最美的真理来指导他的行为，遵从那个当时看起来最崇高的那个。所有增进善良美德的东西都会马上融入他的心中，而那些可能减损美德的东西则会停留在那里，就像不可溶解的的盐一样，不到决定性的实验绝不会起变化。他可能会接受一个残缺的真理，但是在遵照执行之前，他会一直等待，如果需要的话可以等上几个世纪，直到他认识到这个真理必然具备的与那些无限广大以至于包含其他所有东西的真理之间的联系。

总而言之，他把道德和智力规则分开，承认道德规则比之前更加伟大和美好。生活中有太多把两种规则分开的事项应该受到遣责，这种说法绝对是理性和有力的，比如我们比想象中做得差，看到好的一面，却按照坏的一面去做，或者看到坏的一面，却按照好的一面去做，让自己的行为超越思想；因为人类经验告诉我们，我们的思想能够达到的最高境界，在很长时期内仍然无法赶上我们所追寻的神秘真理。而且，如果以往发生的一切都是假的，一个更加简单、更加熟悉的原因会建议他们不要放弃自己的理想。因为他在那些看上去是把利己主义、不讲道义和残忍作为人类遵行范例的规则上投入越多，他同时给予那些要人大方、公正和慈悲的法则的力量也越大；当他开始公平对待，或者系统性地分配两种规则在宇宙和其自身的比例时，他会发现，两种法则所包含的东西同样的深刻而自然。

让我们再回到蜂王那悲剧性的婚礼上。雄蜂和蜂王只能在开阔的天空中交配明显是自然的意旨，这样更便于交叉受精。但是她的意愿混合成网状，她最有价值的规则必须先通过其他规则形成的罗网，而其他规则之后又会被强迫通过最有价值的规则形成的罗网。

她在天空中布下许多危险——寒风、急流、鸟类、昆虫、水滴，这些也要遵守的无敌的规则——所以她必须安排这次交配尽可能的短暂。由于雄蜂暴毙，这次交配确实结束得很快，一次拥抱就够了，其他的都在新娘身体两侧进行。

她从蓝天上飞回到蜂巢，她的情人尚未展开的内脏拖在身后，就像一面军旗。有些作家自认为蜂群看到回来的蜂王带来很大希望时，表现出巨大的喜悦之情——其中布奇纳就详细描述了其中的细节。我曾经专门等待蜂王返回过很多次，但我必须得承认，从来没有注意到过任何不正常的情绪，除了那次一只年轻的蜂王在前面带着一群蜜蜂，说明一座刚建起来仍然空虚的城市有了独一无二的希望。那一次所有的工蜂都非常兴奋，大家都飞上去迎接蜂王，但是原则上大家好像都忘了它，虽然它们城市的未来经常遭受着许多的灾难。在所有事情上，它们都表现出永久的谨慎，直到它们决定屠杀敌对的蜂王时。它们的本能停在了一个点上，它们的预见性出现了裂痕——它们表现得完全冷漠。它们抬起头，也许看到受孕的杀人象征；但是，由于仍然无法信任，绝不会显露出我们想象中的欢乐。由于它们在的行动上很积极，在幻想上却很迟钝，因此要它们欢快起来可能需要更多的证据。为什么要努力把那些跟我们差别这么大的小东西的感觉想得那么有逻辑，或者那么人性化呢？无论在蜜蜂中，还是在其他任何有一丝人类智力的动物，事情都不会按照我们书上的记载精确地发生。有太多的情况我们还不了解。为什么我们明知道不是，还要把蜜蜂描述得比它们实际上更完美？那些认为蜜蜂更有趣也跟我们很像的人，到现在也没有真正理解什么是唤起一个更真诚的人的兴趣。观察者的目的不是让人吃惊，而是去理解；指出一种智力中存在的缺陷，一种大脑组织与我们不同的标志，远比仅仅讲述一些相关的奇闻逸事要让人感到好奇。

但是，并非所有的蜜蜂都是如此冷漠，当气喘吁吁的蜂王到达降落板时候，有些蜜蜂会形成几组陪它进入蜂巢。此时，太阳作为蜜蜂每一次欢庆活动中的英雄，正踏着羞怯的步伐走进来，在蓝天或阴影中照耀着蜡壁和蜜帷。刚成为新娘的蜂王也不比它的子民更在乎，在它那狭小、残忍和实用性的头脑中，跟本容不下更多的情绪，现在它只有一个想法，就是尽快摆脱情人留在它身上的令人尴尬的纪念品，那东西完全阻碍了它的行动。它坐在蜂房门口，认真地将那些无用的器官扯掉，然后工蜂会把它们搬走；跟它要求的相比，雄蜂给的实在太多，它把自己拥有的一切都给了它，它只把精液留在受精囊内，数百万的精子在其中流动，到它的最后一天，这些精子将被一个个地排出，随着卵子的经过，在它体内某个隐秘的地方完成雌雄元素的神秘结合，然后生出工蜂。通过一种惊人的反转，它巩固了雄性原则，而雄蜂也供养了雌蜂。它将在交配后第三天产下第一批卵，它的子民会马上以最特别关心围到它的身边，从那一刻起，终于具有了双重性别，她的体内又多了不知疲惫的雄性因子，她就开始了自己真正的生活；从此她再也不会离开蜂巢，除非是跟蜂群一起，而她也会一直生育，直到死亡。

这是能够想象出来的最具童话色彩的奇妙婚礼，蔚蓝而又悲惨，被欲望的原动力推到生命的顶点；不朽而又恐怖，独特而又令人困惑，孤独而又广大。在我们这个最平静最可爱的星球上，最无瑕而又最无限的地方，在死亡随之而来之前，一个可敬的狂喜，把幸福的瞬间刻在了伟大天空的庄严的透明之中；完美的光线让爱情之上盘旋的不幸变得纯净，让那一吻再也无法被忘记，而且这次满足于小小的回报，她松开那几乎充满母性的双手，为了一个长远而不能分开的未来，把两个脆弱的小生命合为一体。

深刻的真理不会像首诗那样可以以理解和用爱来结尾，但是它有另外让你不得不去把握的东西。自然并没有偏离路线去给这两个帕斯卡所说的"简化原子"举办一场华丽的婚礼，或者相爱的理想时间。我们也已经说过，她的考虑仅仅是通过交叉受精来改进物种。为了保证这一点，她让雄蜂的器官只能在空中使用。长期的飞行首先要求扩张它的两个巨大气囊，那些巨大的接收器在吸进大量空气后，会使其腹部下面向后靠，使器官的伸出成为可能。虽然在有些人看来这很正常，有些人看来稍显粗俗，但这就是那炫目追求和壮丽婚礼的整个生理秘密。

诗人们会怀疑："难道我们总是必须为达到比真理更崇高的境界才高兴吗？"

是啊，在任何时候，任何事情上，让我们不要为比真理还崇高的境界而高兴了，因为那是不可能达到的。我们应该为自己能够达到比眼睛看到的小道理更高的境界而开心，如果一次机会、一次回想、一个幻觉、一种激情，总之，如果任何一种动机能免让一个物体向我们展示出比其他事物更美妙的它，我们就应该珍惜这个动机。它可能只是个错误，但是这个错误并不会妨碍我们达到最可能感受到它真正的美的那一刻。我们让这种美把注意力引到它真正的美和庄严，它一定是根据普遍的、永恒的力量和规则，从每一个物体之间的关系中推导出来，否则就可能逃离我们的观察范围。某种幻想在我们内部产生的赞美能力早晚会来为我们一直追求的真理服务。正是因为有了古老而神性的美所创造的语言、感觉和激情，人类今天才能发现这些原本可能不会产生、可能找不到如此合适住所的真理，如果这些牺牲了的幻想不先在心底和理智中燃起，那真理就不会出现。不需要幻想就能看到盛大景象的眼睛实在是太伟大了。幻想教会其他人去看、去欣赏、去快乐。他们可以看得尽量高一些，但是高度总还有一定差距，当他们靠近的时候，真理会再次上升；当他们欣赏的时候，他们会更靠近真理。无论他们在哪个高度感到快乐，在虚空中或者未知事物和永恒真理之上肯定不行，因为它们和美一样，位于所有事物之上。

これ就意味着我们要向谎言，向虚构的、人为的诗歌靠拢，因为想要得到更好的东西而从中找到欢乐吗？或者我们面前的例子本身并不值一提，但是它代表着成千上万其他相似的例子，也代表了我们面对真理的不同规则似的全部态度，那就是我们应该忽略所有的生理解释，只记住和品味这次婚飞的情感。无论因为什么，直到目前为止，它还是所有生物都必须遵守而且不得不称之为爱的、变得无私和无法阻挡的力量所产生的最有激情、最美妙的行为之一。现在每一个尊贵的人都已经有了极好的习惯，这样的事情就显得有些孩子气，发生的可能性也不大。

由于存在不可争辩的事实，我们明显地承认，器官能伸出来仅仅是因为气囊的扩充。但是，假如我们因为这个事实感到满足，不让我们的眼睛向这个事实之外探寻，如果我们就此认为所有升得太高、走得太远的思想肯定是错的，真理肯定存在于肉眼能够看到的物质的细节之中；如果我们不到尚不确定生命结构中进行探究——哪里的东西远比这个小小的解释要伟大得多，比如说交叉受精的神奇秘密，或者物种与生命的永恒，或者自然的主题；如果我们不在这些东西中寻找那个高于主流解释的、能够延长它的东西，并且指引我们领略未知领域之中的美和庄严，我几乎要冒险宣布，比起那些只看到神乎其神的婚飞之中的诗意和神秘表演，却对其他东西视而不见的人，我们应该距离真理更远一些。他们明显对于真理的形式和色彩存在判断上的错误，但是它在他们那里的氛围和影响比起其他人要多得多，他们完全相信所有的真理已经掌握在自己手中。因为最先研究的人已经做了充足的准备去接受真理，他们那里有最宜人的住处，虽然他们的眼睛看不到它，他们却急切地在它肯定会居住的地方寻找着美与庄严。

对于自然的目的，我们一无所知，对于我们来说，这个目的就是控制其他所有真理。但是由于对这个真理如此热爱，为了把追求真理的那份热情保存在灵魂中，认定这个目的的伟大对我们是有好处的。如果有一天我们发现自己是错的，这个目标不但支离破碎而且一点都不重要，我们也是通过那种假定的伟大所产生的热情做到这一点的；而且这种琐碎性质一旦确立，就能告诉我们应该做什么。同时，用尽心血和理智中最热烈、最大胆的努力来研究它，绝不会显得不明智。即使最后这句话听起来有些惹人厌烦，能够发现大自然所蕴藏的规律，这本身就是以令人骄傲。

"我们现在还没有掌握真理，"我们时代一位伟大的生物学家有一次和我谈道，"却有三种与真理极其相似的东西到处都有。每个人都会做出自己的选择，或者说，有别人强加给他的确信。这个选择，无论是否有别人强加的确信，或者经常出现的做出选择前没有经过认真思考，对于这个选择所指向的东西，所有进入他思想的形式和行为都将由它来决定。我们遇到的朋友，走过来的正在微笑的妇女，打开我们被死亡或忧伤封锁的心灵的爱，我们头上九月的天空，华丽而又讨人喜欢的花园，在那儿我们可以看到康尼尔在《赛姬》中提到的镀金雕像上草木形成的阴凉，成群结队在那里吃草的牲畜，它们的牧人已经睡着，村庄里最后几栋房子，树林中间的海。所有这些在进入我们的思想之前，都会被提升或减损，以保证以我们自己的选择保持一致。我们必须学会在这些与真理相似的东西之间进行选择。我这一生都在热心追求那些更细微的真理，那些自然的原因；现在，在我最后这些日子，我开始珍视那些在真理之前发生，最终会超越真理，而不是引我远离真理的东西。"

我们已经在诺曼底登上了培德考高地的顶峰，那里像个英国式公园般蜿蜒曲折，自然而且一望无际。这是整个地球上为数不多的几个地点之一，自然在这里把自己经久不衰的完整而青涩展示给我们。再向北一点点，这个国家被贫瘠所威胁，而往南一点点，却被太阳烤得有气无力。在和大海相接的平地尽头，有些农民正在竖起玉米垛。"你看，"他说，"从这里看过去，他们真的很美。他们在建造如此简单又如此重要的东西，这首先是幸福，而且还是人类生命扎根永不变更的纪念碑——玉米垛。我们和他们之间距离和夜晚的空气把他们欢快的呼喊变成了一首没有歌词的歌曲，和我们头顶树叶低吟出的圣歌相呼应。他们头上的天空恢弘壮丽；我们几乎会去猜想，这个仁慈的精灵挥舞着如同正在燃烧的棕榈树，把所有的光都照向那些玉米垛，以便给工人更多的时间。而且棕榈叶的痕迹还留在天空里。看他们旁边的小教堂，在围成圈的酸橙树和普通墓地杂草的中间，面朝大海，俯身观察着他们。他们正在恰当地把生命的纪念碑竖在逝者的纪念碑之下，那些使者也做过相同的动作，而且仍然与他们相守，看着整个画面。这里没有如同我们在英格兰、普罗旺斯或者荷兰发现的那种特殊的、典型的特征。这关于自然幸福生活的陈述，大而且普通到很有象征性。观察一下人类的生活方式，在它有用的时候会变得多么有条理。看那个牵着马的男人，那些把草捆扔到他车上的人，那些弯腰捡玉米的妇女，那些正在玩耍的孩子……他们连一块石头都没动过，也没有铲过一铲子的地，去增加这个场景的美；他们也没有种一棵树或一株花，这是不必要的。我们所看到的仅仅是这个人为了在自然中维持片刻生活，付出的努力所产生的不由自主的结果；我们中间那些只希望创造或想象和平盛景、深刻思想和至上幸福的人，最终发现没有什么场景比这再美了，每次他们想把这幅关于美或者幸福的画面展示给我们的时候，他们肯定会描绘这个场景。这就是我们所拥有的第一个与真理相似的东西，也有人会叫它真理。"

"让我们把镜头拉近，你能清楚地区分出完美地混合在树叶低语中的歌曲吗？它由恶言和侮辱组成；之所以有笑声迸发出来，是因为有一个男人或者女人对弱者的外表说出了可憎的话，比如一个背不起东西的驼背，被他们推倒的瘸子，或者成为笑柄的傻子。"

我在诺曼底研究这些人很多年。这里土地肥沃，很容易耕种，在玉米垛周围生活比我们想象中在这类环境中要舒服得多。这时那里的绝大多数男人和很多女人都酗酒。而另外一种都不需要我说出名字的毒药也在腐蚀着这个种族。你在那里看到的儿童，就是这种毒药和酒造成的结果：侏儒、兔唇、八字脚、智障。他们所有人，包括男女老幼，都有农民最普遍的恶习。他们残忍、多疑、贪婪、妒忌、虚伪、撒谎、造谣，他们贪小便宜、不懂装懂、对于比自己强的人会粗俗地奉承。必要性把他们聚在一起，强迫他们帮助彼此，但是每一个个体私下的愿望都是在不危及自己的前提下，尽量地伤害自己的邻居。村庄里最主要的欢乐就是由别人的悲伤制造出来的。如果他们中的一个人遭受了巨大的灾难，这将会在很长时间内成为其他人秘密而开心的谈资。每个人看着他的同伴，都在嫉妒、厌恶和蔑视。当他们穷困的时候，他们对其主人怀着一种炙热而浓烈的仇恨，因为主人对他们残酷而又吝啬；当他们自己拥有仆人后，由于以往的经验，他们开始表现出比他们自己承受的更加过分的残酷和吝啬。我可以拿出详细的证据来证明，这幅轻松和平的图画下面所埋藏的卑鄙、欺诈、不公平、跋扈和邪恶。别想着这壮丽天空、在教堂后面翻涌并呈现出另一个更敏感天空的海洋，就像一面伟大的智慧和良知之镜一样照过大地——不要觉得海洋或天空能够影响他们的想法或者拓宽他们的意志。他们根本没有注意那些东西。除了饥饿、强力、议论或者法律，还有死亡时地狱的可怕等有限的三四种恐惧之外，没什么东西能够影响或者感动他们。要说明他们是什么样的人，我们就必须分开来评价。你看右边那个把一大捆草往上扔的高个子，去年夏天他的朋友们在一次酒馆争斗中折断了他的右手，造成了严重的混合性骨折，我帮他治疗，照顾了他很长时间，在他能够回去工作前还给了他一些钱让他生活，他每天都来找我。他却因此在村子里造谣，说他看到我小姨子抱着我，还说我母亲是个酒鬼。他并不邪恶，对我也没有恶意，相反，你应该看看他每次见到我时那种笑逐颜开的表情。他造谣并不是因为仇恨我的富有，这个农民对财富看得特别重，不可能仇恨富人。但是我觉得我这个扔玉米的好朋友可能没有办法理解，我居然会不计利益去帮助他。这里肯定有阴谋的想法让他觉得满足，他可不想上我的当。不止一个人在他面前做过类似的事情，无论富有与否。当他散布这些谣言时，他并不觉得自己在撒谎，他只是遵守了自己在周围看到的道德的混乱指令。毫无意识之中他已经违背自己的意志向无所不能的欲望屈服……但是为什么要完成一幅这样的图画，只要是在乡下生活过几年的人都很熟悉。这就是第二种类型，人们所谓的经过实践验证的真理，即现实生活的真理。毫无疑问它是以能够观察和监测到的最精确的唯一事实为基础的。

他继续说："我们坐在玉米地上，再一次看看，刚刚我们说起的那些现实上的小事儿，没有一件事情可以不承认。让它们还是随风而去，消失到九霄云外吧！前方都被它们挡住了，我们已经感受到了，它们背后是一个巨大而神奇的力量，就是它支撑起来的全局。难道它真的是维持原装，而没有丝毫提升吗？我们面对的这些男人，他们不再是那些拉布鲁耶尔的说的凶狠生物，不会含糊其辞，到了夜里回到自己的老巢，只有黑面包、水和杂草根为食的苦难的人了。

"你会对我说，这个物种并不强大，也不十分健康。所有的事情可能都是这样。关于酒精和其他一些意外事件造成的灾祸，都是人类必须要承受的，是命运的考验，从中我的神经器官也会受益匪浅。我们不止一次地发现，生活总是这样地磨练着我们，而我们的意志就是这样被提升。再说，也许之后发生的一系列无足轻重的事情，会使这些毒品不再有害。这些人同之前说的人不同，他们具备单独的思想和感知能力。"

"只有简单的动物和赤裸裸的生物可以吸引我，而最讨厌那些恶心的半兽人。"我自言自语着。

他马上回答："那么你想到的第一个动物是什么，那种好像是诗人最爱的，之前我们都碰到过的。类似的情感和想法都是无足轻重的，当然你可以说它们是卑鄙的，然而虽说是无足轻重和卑鄙的东西，总也胜过什么都不是的东西。他们总是利用现存的思想和感情去伤害对方，而且坚持自我，虽然是平庸无知的，这却是自然界常常发生的事情。一切天生的才能都会先被邪恶利用，而想要提升和改变的东西，总是会被毁坏。当然邪恶过后，却总是可以得到善果。其次，我并不着急要证实自己的进步，因为我觉得它本身就是一件微不足道的事情，但是也许之后导致一件大事情。使人类的生活坏境大大改善，减少人类骨子里的奴役思想，减弱痛苦，这将是很大的成就，也是人类最为伟大的理想。但是，让我们先停止思考实质性问题，现在人类中正驾着进步马车的人，与那些盲目跟从徒步小跑的人，两者之间相差的距离就不会特别的大了。虽然这些乡下人还年轻，但是很多思想已经植入他们的头脑，我相信用不了多久，他们其中很多人都会给我们惊喜，我们心中那高高的意识层次，而这些人在我们看来是无意识的，两者之间的差别，往往会让我们惊叹不已。

"此外，我们为其自豪的意识，它到底来自哪里，如何构成？我们懂得黑暗不等于光明，明白后天的无知不会是知识，我更知晓我们暂时无法明白的事情并不是我们表面上看到的那样简单。也正是这样的意识中蕴藏了我们的命运，未知的想象，这就是它的伟大之处。这可能是这个星球上最让你诧异的现象。我凭借了这个意识，才可以挺胸抬头，直面未知的一切，并且告诉它：'我虽然不知道你是什么，但是我的意识概念中早有包含了你的东西。你可能会消灭我，假如你并没有在我消失的废墟上建立更完美的有机生命，你就会证明自己比我低一等，随着我所在种族灭亡出现的寂静将会宣布你已经被审判过了。但是如果你连自己是不是被公正审判都没有能力关心，那你的秘密还有什么价值呢？他一定是愚蠢或者丑恶的。机会让你能够造出一种你不够资格制造的生物。他很幸运能在发现你无意识的深度之前一种相反的机会让你能够压迫他；更幸运的是，他没能从你无限次可怕的实验中幸存下来。如果他的智力无法和永恒的智力抗衡，他想更好的愿望没有得到任何好处，那他跟这个世界就没有什么关系了。

"再讲一次，这样的壮观景象要吸引我们，根本不需要改进，他本身已经足够。这个景象在农民身上和我们身上体现出同样的伟大和神秘。当我们回溯生命无所不能的原则，他会从各个方面反抗我们。每一个成功的机缘都会给这个原则取个新的名字，其中有些非常清楚。但是我们发现，清晰和安慰并不可靠。但是无论我们叫他上帝、神明、自然、济源、生命、宿命、精神或者物质，这个谜团始终不会改变；根据数千年的经验，我们学会给他取一个更宽泛的名字，更接近我们自身、更符合我们的期望，更契合于不可预见的东西。这就是它今天的名字，虽然它看起来并没有更伟大。这就是第三个与真理相似的东西其中一个特点，它一样也是个真理。"

第六章 杀灭雄蜂

如果天气晴好，气候持续暖和，花粉和花蜜充足，工蜂可能会在一定的时间内保持忍耐，不去招惹那些令人讨厌、只会给集体造成惨重损失的雄蜂，这可以看作是一种健忘的宽宏，或者是过于小心的聪明做法。那些雄蜂在蜂巢内的行为，就像在尤利西斯家里追求佩内罗普的人一样，举止粗俗、穷奢极欲、圆滑世故而脑满肠肥，真正满足于充当名誉情人的浪荡生活。它们狂吃狂喝、寻欢作乐，在街巷中聚集，挡住通路，阻碍别人工作。它们互相推挤或者推挤别人，既愚蠢又无所作为，因为天生的呆笨和对他人的不尊重，它们相当自负，完全不会考虑工蜂对它发自肺腑的蔑视，不会意识到自己引起的快速升高的仇恨心态，也不会明白自己要面对的是何种未来和命运。它们只是在蜂巢中寻找最温暖的地方睡觉，无忧无虑地醒来后便聚集在弥漫着香甜气味的宽阔巢穴中，并在里面排出粪便，把自己经常去的巢穴弄得一团糟。耐心的工蜂盯着，不动声色地把雄蜂弄乱的所有东西进行清理。从中午一直到下午三点，在炎炎夏日的阳光照射下，当淡紫色的乡村因极度的快乐和疲惫而颤抖时，雄蜂便会来到蜂巢门口。它们头顶如同巨大黑珍珠一般的头盔，额角两根长长的羽须迎风摆动，身上被一层闪光的金黄色丝绸背心包裹，上面密密麻麻地布满了细毛，背后还有四层结实的、呈半透明的披风。它们发出巨大的噪声，把卫兵甩在一边，将清洁工撞翻在地，对于谦恭地带回收获的采蜜者完全不知谦让。它们摆出一副神灵般的忙碌气势，脚步放纵轻佻，就如它们同时也在探寻粗鄙愚昧之人完全不可能明白的某种命运。它们接二连三地飞向天空，来势汹汹，容光焕发，从容地飞到最靠近的花瓣，在那里睡午觉，一直到清新的空气把它们叫醒为止。然后，它们摆出同样不可一世的姿态，仿佛心里充满宏伟计划的样子飞回蜂巢，直接爬到最里面，把头伸进蜜罐，吃得酒足饭饱、恢复之前消耗的气力之后便敞开心怀，迎接心地善良的睡神，在睡神的怀抱中再次沉沉睡去，直到开始下一次盛宴。

但是，蜜蜂的耐心和人类是不可同日而语的。某天清晨，蜂巢中传来期待已久的命令，善良忍耐的工蜂忽然间变成了法官和刽子手。命令从何而来我们并不知道，有可能是源自工蜂偶然之间的冷酷和长期积累的气愤。随着命令的发出，每一颗心都跟着跳动，好像从集体一致公认 的王国领袖那里得到了某些指引似的，其中一部分工蜂甚至暂停了采蜜的工作，专门负责进行这项正义的活动。那些靠在蜜壁上闷头大睡的肥硕无用的雄蜂，被一人队气愤的处女从梦中惊醒。它们睁开眼睛，露出一种虚伪的讶异。它们简直无法相信自己看到的场景。它们在慵懒中胡乱挣扎，如同月光洒在浅浅的沼泽上。它们惊恐地扫视四周，知道自己阴差阳错地成了受害者，生命中关于母亲的形象首先出现在它们迟钝的大脑中，它们飞向蜜罐，想从那里面得到慰藉。但是，甜蜜的日子对它们来说已经一去不复返了，再也没有酸橙树上的酒花，没有百里香和山艾迷人的美味，也没有牛至和白三叶草的芬芳。那曾经一直向它们开放着的，无限量地为它们供应蜂蜡和蜂蜜的储藏室就在眼前，可如今通往那里的道路上却布满了燃烧的火焰和恐怖的毒刺。蜂巢里的气氛不同了，之前飘散着蜂蜜迷人香味的地方，现在却发散出辛辣的毒气。不计其数的毒液呈水滴状在毒刺尖上闪闪发光，显示出无尽的敌意和仇恨。这些不明就里的情人还没有意识到蜂巢中的欢喜法则已经消失，四五名正义使者便陆续开始向它们发动攻击，用难以想象的方法把它们拉向各自不同的命运。那些使者争先恐后地扯掉它们的翅膀，锯断腹柄以断开胸腔和腹部之间的连接，把它们摆动的触须截成几段，在它们环环相扣的铠甲之间寻找缝隙，狠狠地把毒剑刺进去。那些雄蜂虽然身躯庞大，却没有武器，所以它们无法反击，只想着如何逃跑，有些只能用身体承受如暴风骤雨一般的攻击。它们被扑倒，仰着身子躺在地上，凶狠的敌人牢牢围住它们，一刻也不放松。它们唯一能做的只是拼命用脚将敌人向两边拨开。有些转过身去，带着许多敌人兜圈子，但过不了多久就会因为疲惫而停下。很快它们的面目就会变得惨不忍睹。从我们的角度来看，怜悯是正义的应有之义，在这样的情景面前，我们很快便开始觉得它们变得可怜，希望那些凶狠的工蜂能够放过它们。但是所有这一切都没有用，工蜂听从的只有自然界最深沉而又无情的法则。那些可怜的小东西翅膀被扯掉，触须被咬断，腿脚被拧下。它们的眼睛之前是那么华美，如同一面镜子映照着茂盛的花朵，闪烁着夏日的光芒和无邪的高傲，如今却变得灰暗，透露出的只有审判之日的悲哀和苦痛。其中一些因伤势过重而当场死亡的雄蜂，马上便会被刽子手拖到远处的墓地。那些受伤比较轻的雄蜂则会蹒跚地爬到某个角落里藏起来，但等待它们的是被饿死。大部分雄蜂会努力冲出蜂巢，带着敌人飞向远处。可是到了夜晚，在外寒冷和饥饿，很多雄蜂会重新飞回蜂巢，请求进入。但是，它们在门口会遭到卫兵无情的拒绝。第二天清晨，工蜂出发采蜜之前对大门进行清理的时候，会发现那里挂满了无数雄蜂的尸体。慢慢地，没人会再记得那群好吃懒作的小东西，直到第二年春天再次来临。

这种杀灭雄蜂的行动，在养蜂场的许多蜂群中经常同时发生。最富足、最规范的蜂群会发出讯号，过不了几天，那些规模比较小、数量比较少的蜂群也会依法照办。剩下那些母蜂过于年老、几乎已经失去生育能力的蜂群，由于资源贫乏和弱小，往往会将雄蜂保留到秋末冬初，寄希望于其他等待的处女蜂能够受孕并继续繁殖，毕竟它们还有希望生出来。但无法避免的天灾将会接踵而至，整个蜂群都会被饥饿所笼罩，母蜂、雄蜂、工蜂都会在第一场大雪落下之前，在蜂箱中阴暗的角落里静静死去。

在富足和数量众多的蜂群中，杀灭雄蜂之后，所有的工作都会恢复正常，不过工作激情会有所降低，因为此时鲜花已经过季，能够开花的植物已经非常少。热闹的节庆和伟大的演出都结束了。但是，在舒适的蜂巢内，秋蜜会被堆积起来，最后的粮库用白色蜂蜡进行密封，这种蜂蜡不会腐败，以此来补充不可或缺的食物。建造工作停下来，出生率降低，死亡率却飞速增长。黑夜越来越长，白天却开始变短。疾风、大雨、浓雾和短暂的黄昏都成为自然设下的埋伏，这些事物会将工蜂带走，让它们再也回不来。过不了多久，那群蜜蜂就会像阿提卡的蚂蚱一样，焦急地等待着阳光，而秋季的寒冷却一步步逼近。

人类分享了蜂群一部分的收成。每一个好蜂箱都会产出40到50公斤蜂蜜，有些蜂箱甚至能够产出100公斤蜂蜜，这些蜂蜜都是工蜂们在阳光下成千上万次地探访那些花儿才累积下来的。人类再看一眼已经开始休养生息的蜂群，从最富足的群落中取出过剩的物资，分给那些因受到灾害而无法过活的群落，在这个辛苦的世上，总有那些无法得到应得财富的人们。养蜂人把蜂箱盖好，把蜂箱门半关起来，把没用的框架拿走，让蜜蜂开始漫长的冬眠。它们聚集在蜂箱的中间，收拢起身体，紧紧贴在那些悬挂在蜂巢中的坛坛罐罐上，等到降霜的时候，它们会分泌出一种物质，这种物质到了夏季会发生变化。蜂王在最中间，周围是它的卫兵。每一层工蜂紧贴着密封的巢穴，第二层包住第一层，第三层包住第二层，依次类推，直到最后一层也形成一重包裹。当形成这重包裹的蜜蜂感觉到寒冷的时候，就会进入到群体内部，另外一些蜜蜂便会顶替它们的位置。悬挂着的蜂群看上去像是一个黑沉沉的球体，被蜂巢隔成若干块。它一直存在细小的上升和下降，随着它们紧贴的巢穴是否空荡而前进或者后退。其他蜜蜂在冬季的生活并没有完全受到限制，尽管速度会慢下来，这和人类普遍相信的情况并不一样。那些在太阳的炙烤中存活下来的小东西们万众一心地挥动翅膀，根据外界的温度变化调整扇动的频率，从而使蜂箱中的球体内部保持恒定的温度，每时每刻都像春天般温暖。这神秘的春天来自奇妙的蜂蜜，它本身就是一种改变外形的热量，这时又回到了最初的状态。它在蜂箱中流动，就像大方的血液。在一个完整的蜂巢中，一只蜜蜂把这种热量传送给它的邻居，邻居又把这种热量传递给下一个邻居。就这样，热量被从口到口、从手到手地传递着，直到包裹在最外层的那些蜜蜂，而一种命运、一种希望就随之发散和汇聚在这上千只蜜蜂的心中。它代替着太阳和花朵，直到那真实而强大的春天来到，真正的太阳从半掩的蜂箱门中透过第一缕轻柔的日光。从那时起，紫罗兰和银莲花再一次变得生机盎然、青春焕发，于是工蜂醒来了，它们发现天空依旧湛蓝，生命的轮盘旋转起来，新的轮回又开始了。

第七章 族群进化

97

　　我们在蜂群冬眠之前，会盖上蜂箱的盖子。我已经把蜜蜂那惊人的勤奋和聪明告诉了读者，所以在本书结束之前，我也非常乐于了解他们可能会提出来的异议。当然，他们可能会说这一切真是难以置信，但是，事情从来没有过例外。几千年以来，蜜蜂一直都是按照这令人拍案叫绝的规则生活，而且在这数千年的时间里，这些规则从来没有任何变化。几千年以来，它们为自已建造的蜂房就像一个奇迹，我们没有办法再做任何增减和修改，它们足以让所有的化学家、几何学家、建筑学家和工程师感到汗颜。在出土的石棺上，在古埃及的石块和演算纸上，我们也发现了关于蜂房的绘画，几乎每一个细节都完全相同。只要能够举出一件小事，能够显示它微不足道的进步，或者拿出一个例子说明蜜蜂构思出了一些新的做法，或者对它们的习惯性路线做过修改，我们就会开心地接受，这种令人赞叹的才华不仅仅是它们的本能，其中还包含着一种与人类相似的智识，值得分享目前还不为人知的，比被动地等待和无意识地顺从更高一级的命运。

并不是普通人才会这么说，连克比和斯宾塞这样的昆虫学家也会以这种说法来证明，蜜蜂并不具有任何智力，而只是在其毫无变化的超凡本能之中有些其他的东西隐隐闪烁："只要你能够举出一个事例，说明由于事情的变化，激发蜜蜂想出比如用泥土或者灰泥取代蜂蜡或者蜂胶，只要有一个这样的例子，我们就愿意承认它们能够进行推理。"

罗姆人把这种疑问称为"提问式辩论"，或者称之为"不满足辩论"，这种辩论方式本身是非常危险的，而且如果把它应用到人类身上，就会使我们偏离问题。如果你仔细查看便会发现，这种辩论源自"纯粹常识"，而常识经常是有缺陷的。常识曾经告诉伽利略："地球是不动的，因为我们能看到太阳在天空运动，早上从东方升起，晚上从西方落下，眼见为实，任何理论都不可能推翻这一点。"常识为我们的思考提供了必要的背景和准备，但是，除非以一种高深的不安全感提醒自己，在必要时随时提醒自己世界上存在无限的未知和可能，否则它就会变成对思考的束缚。其实蜜蜂本身已经回应了克比和斯宾塞提出的异议。就在两人提出异议后不久，一位博物学家安德鲁·奈特就发现，如果用松脂和蜡调成接合剂盖住发生病虫害的树皮，蜜蜂就会完全放弃收集蜂蜡，转而采集这种接合剂，它们会对这种未知的材料加以检测，它们的居处也有大量接合剂被发现。

让蜜蜂发挥其原始的主动精神，为它们的探索能力和创造能力提供机会，可以说汇集了养蜂业中大半的科学研究和实践活动。比如，为了更好地培养幼虫和蜂蛹，如果它们需要消耗大量花粉而自然界明显无法供应的时候，养蜂人就会在蜂房附近撒一层面粉。在自然状态下，亚洲山谷原始森林深处的蜜蜂可能一直到第三纪还存活了很长一段时间，它们显然从来没有遇到过这样的东西。但是，如果小心谨慎地采取这种做法来引诱那些蜜蜂，它们不久便会发现，这些东西的性质与花粉其实存在相似之处。它会把这个消息传播给它的姐妹，很快每个采蜜者都会赶向这个出乎意料而又无从解释的粮仓。在它们遗传的记忆里，粮食与花朵的花萼是不可分离的，而在过去数十个世纪以来，花萼总是以豪华和饱满的形式迎接它们的到来。

直到 100 多年前，休伯的研究才第一次给我们的蜜蜂研究注入了足够的推动力，他的研究提示了一系列重要的基本事实，使我们得以看到事物的真相，得出正确的结果。之后经过不到 50 年，合理而实用的养蜂业应该已经建立起来，因为当时德齐乐松和朗思特洛斯设计的活动蜂房和格子架已经投入使用，蜂房再也不是只有蜜蜂能够飞进飞出，只有到其死去人类才能一探究竟的处所，它终于变得不再神秘而不可侵犯。之后再经过 50 年，显微镜、昆虫学实验室都得到极大进步，工蜂、蜂王和雄蜂的主要器官所包含的秘密都被完整地揭示出来。我们需要自我质疑，我们的知识是否与经验同样缺乏？蜜蜂在地球上已经存活了数千年，而我们对它们进行观察不过只有五六十年的时间，即使能够证明蜂巢自从我们第一次打开以来都没有发生过任何变化，我们又是否可以据此得出结论，证明在我们进行研究之前它们也未发生过变化？我们应该知道，在物种进化的过程中，100 年仅仅是历史长河中的一滴水，而 1000 年也会迅速地在宇宙长河中流过，更何况是一个族群短短几十年的历史？

蜜蜂的习性是否发生改变，我们不能做出确定的判断。如果我们能够以客观的眼光看待它们，不局限于我们实际经验所理解的那一片区域，那么我们就会发现明显的变化，更不用说还有多少变化是我们没有注意到的。假如有一名身高是我们 150 倍、体重是我们的 75 万倍（这是我们与蜜蜂在身高和体重上的比例关系）的观察者，他和我们语言不通，感觉能力不同，假如有这样一个人一直在观察和研究我们，那么在过去的最后三分之二个世纪里，他一定会注意到某些奇怪的物质变化，却绝对没有办法对我们的道德、社会形态、政治体制、经济发展和宗教信仰等方面的进化和改变有任何的感知。

在所有的科学实验中，最有说服力的一个假设，就是我们至今能够驯化的蜜蜂跟包括巨大的阿尔卑斯蜂在内的全部野蜂有某种联系，阿尔卑斯很可能是所有野蜂的发源地。然后我们便会发现蜂群中存在的生理、社会、经济、工业和建筑上的转化，这种转化比人类进化更加特别。但是，目前我们的研究范围还仅仅局限在已经被驯化的蜂群。在这个范围内，我们已经了解了其中 16 个非常特别的品种，但是，无论是已经知道的最大的阿尔卑斯多萨塔蜂，还是最小的阿尔贝斯弗洛里亚蜂，从根本上讲，这些昆虫基本上还是一样的，唯一的不同是它们因为适应各地气候和生活条件而产生的细小变化。

首先我们要说的是最重要和最根本的改进，就是对族群的外部保护，这项改进如果发生在人类当中，必将经过一项浩大的工程。

蜜蜂并不像人类一样，生活在没有遮拦、任凭风吹雨打的城市，它们生活的地方被一层保护性的膜完全包住。但是在一种理想的自然状态下，事情却有些差别。它们听从自己最基本的本能，把蜂巢建在露天的地方。比如东印度群岛的多萨塔蜂就不急于寻找空心树，或者山壁上的孔洞。它们喜欢把蜂窝造成拉长型，挂在树枝的拐弯处。蜂王生产、物资储存都没有遮蔽物，全靠工蜂用自己的身体来进行遮挡。在北方的某些区域，由于气候过于温和，有些蜂种受到这种欺骗性的影响，也回归到了这样的本能，开始在丛林深处生活。东印度群岛上蜂群的生活习性可能是天生的，但即使如此，这一习性在这里也并不能说完全合适。因为很大一部分工蜂只能停留在一个地方，它们的工作热情仅仅维持在制蜡和养大幼蜂所需要的程度，而如果它们选择一个有遮蔽的地方，那么它们就可以建造三个、四个甚至更多的巢穴，这将大大提高族群的数量和规模。研究表明，生活在寒带和温带的蜂种已经全都不再使用这种原始的方法。蜜蜂聪明的主动选择确实得到了自然界的认同，因为自然界只会让数量最多、规划最大、保护措施最好的族群度过寒冷的冬季。所以，从最开始的一个简单想法，很可能还是违背其本能的想法，逐渐地竟变成了一种本能，一种固定习性。事实上，自然界的光线对于蜜蜂是非常重要的，它们放弃光线，转而在黝黑无光的空心树或者山洞里寻求遮蔽，它们最开始可能只是经过观察，大胆地提出一个创意，也可能是根据以往的经验经过了一定的推理，这应该是它们遵循的准则。

基本上可以这么说，火的发明对人类有多么重要，这个想法对于被驯化的蜜蜂就有多么重要。

这个跨跃是实质性的，它的真实性也不应该因为存在遗传因素或者过于古老就受到怀疑。还有其他的细节也能够证明这种跨跃，说明蜂巢中所拥有的勤奋甚至聪明，并不是一成不变千篇一律的。之前我们已经举了几个例子，包括用面粉取代花粉，用人造水泥取代蜂胶。我们也已经知道，如果蜜蜂认为自己的住处有时候让它感到不舒服，它就会进行修改直到适应自己的需要，甚至巧妙地将基蜡建成的蜂巢拿来使用。它们搬动那些没有完成但确实有用的蜂巢时所使用的方式，让人感到奇怪的同时又显示出惊人的独创性。事实上，它们和人类殊途同归。

我们可以设想一下：数千年来，我们一直在建造城市，但材料却不是石头、石灰和砖块，而是我们身上某种特别的器官痛苦地分泌出来的一种软软的东西。直到有一天，一个万能的存在把我们放到了一座神奇城市之中。我们发现，构成这座城市的材料与我们自身的分泌物类似，但是其他方面就好像是一场梦一样，一切合逻辑的东西在梦中都被歪曲、拆散，但是让它收缩起来，却比任由它无条理地扭曲更加让人心神不宁。习惯性的规划就在这里，我们已经发现了自己之前所期望的所有东西。可是所有的东西都是用一种优先的力量结合起来的，看上去这种力量会从根本上使它变形，让它被困在模具中，在它形成的过程中产生阻碍，使它难以完成。城市中的房屋需要建到四到五米高，那只是凸起的东西，我们伸出双手就能够碰到。从无数的墙壁上透露出的种种迹象，我们可以看出它们的规划和使用的材料。有些地方会出现一些较为明显的差错，那我们就必须进行改正；有些地方会出现一些空隙，那我们必须进行填补，将它与其他部分合适地结合起来；很多地方并不稳定，那我们就必须进行支撑。完成这些事情虽然有希望，却充满了艰难困苦，而且非常危险。我们可以竭尽所能地发挥我们的想象力和智力，以便能够表现出我们全部的想法和愿望。但是真正做起来，我们依然感觉却有些捉襟见肘，因为需要补救的地方太多、太繁琐反而受到了影响，甚至遭遇挫败而不得不放弃。所以，我们必须把目前仍然毫无头绪的问题想明白，把自然的恩赐者最基本的目的考虑清楚，然后在非常短的时间内完成正常情况下需要几年的工程。我们固有的习惯必须抛弃，我们的劳动方法必须从根本上改变。我们必须明白这一点：伟大的天意向我们提供了帮助，我们要将这种帮助转化为最强大的力量，以解决可能出现的问题，对于这种帮助，我们多么在意都不为过。其实这些事，基本上就是蜜蜂在现代蜂箱里每天都在做的事情。（关于蜂巢的建造问题，我们可以现看一下弗罗里亚蜂。这个蜂种有一个奇特的现像，它们中有些雄蜂蜂巢的壁是圆柱形而不是六边形，可以肯定，它们还处在从一种形式向另一种形式的过渡期，只是迷迷糊糊地采用了更好的方案，但真正的转变尚未完成。）

我之前曾经讲过，即使蜜蜂很精明，它还是会受到环境变化的制约。这一点最难以理解，也最难进行证明。我不想说各种蜂群对待蜂王的方式不同，也不准备说它们的分蜂规律存在差别，因为所有蜂群都有明显的代代相传的各自不同的分蜂习惯。但是，除了这些还没有完全被证明的事项以外，还有一些非常准确和几乎没有例外的事实可以说明，并不是所有被驯化的蜜蜂种群都拥有相同级别的政治文明，其中有些品种依然在道德中探索自己的道路，或许还有关于如何解决王室问题的其他方法。有人曾经做过研究，每个叙利亚蜂群有120个或者更多的蜂王，而每个意大利蜂群则最多只有10到12个蜂王。切希尔曾说过，在一个一切正常的叙利亚蜂群中，他发现了120只已经死掉的蜂王，还有其他90只蜂王仍然活着。一种特别的社会进化转折点可能已经形成。认真研究这种现象可能会非常有趣。需要补充的是，塞浦路斯蜂群与叙利亚蜂群中蜂王的数量是非常接近的。最后，还有一个重要事实能够更加确定地表明，蜂巢的建造方式和谨慎的组织并不是一种本能的结果，不是对各种不同时期和气候的机械反应，这些生活在小型王国中的生物完全有能力注意到新的条件，并最大限度地利用这些条件。经过以往漫长的历史，它甚至能够利用周围可能对它构成危险的事物。假如我们把黑色蜂放到澳大利亚或者加利福尼亚，那里的环境会让它们的习性完全改变。黑色蜂在那里会发现夏季时时存在，鲜花永远盛开，一到两年以后，由于它经过仔细观察，已经发现了这些新的环境变化，它们每天便只采集足够一天消耗的蜜和花粉，这种满足一天一天过日子的方式便会战胜它们的遗传经验，它们将不再为冬季的到来准备物资。（布奇纳曾引用过一个相似的事例，在巴巴多斯制糖厂建巢的蜜蜂，因为全年都能得到糖，它们已经不再飞去花园中采花粉了。）这种情况下，为了保证它的采蜜能力，我们便需要定期拿走一部分它的劳动成果。

那些我们用眼睛能够看到的事实先说到这里，虽然这里面也涉及了一些奇特的事项，但是并不能因此而得出这样一个结论：只有人类的智力和未来得到了长足的发展，其他所有的智力都受到了限制，每一个未来都被做了明确的限定。

但是，如果我们放下心中的隔阂，暂时接受进化论，一个奇迹就会在我们周围延伸，它那神秘而明亮的光华很快就会照亮我们的生命。如果我们足够专注，足够深入地研究，我们就会发现这样一个可能会被忽视的事实，自然界中有一种意识，通过它的作用，物质的一部分会变得更加巧妙、更加美好，它在这些物质上面缓缓流动，并借机洞察这些物质的特点。一开始，我们把这种流动的东西叫做生命，后来我们称之为本能，再后我们把它叫做智力。我们还不清楚这种意志这么做的目的，但是它确实在组织、强化和帮助已经存在的所有物质。虽然没有确切的证据能够证明，但依然有大量的事实使我们不得不相信，如果能够进行实际评价，那些不断提升的物质的品质和等级也是在不断提升。我知道这句话没有什么说服力，但对于那股帮助和引导我们的力量，这是我唯一能够说出的话，它在这样一个世界里对我们有着重大的意义。在这个世界上，除非出现明确的相反证据，我们就一定要把相信生命作为自身职责的首要选择，即使有时候连生命本身也没有给我们任何清楚的信息。

反对进化论时需要强调的东西我全都了解。支持进化论的证据很多，也都很有力，但是这些证据和证明要想使人确信无疑还有一定的差距。因此我们也需要小心谨慎，绝不能因为它在这个年代流行便把它作为唯一的真相，而全盘否定了自己的思考。想想100年后，在今天看来充满真理的一本书中的很大一部分，看上去都会像今天的我们看18世纪的哲学著作一样，也可能像是17世纪的一些著作，因为书中对于某种粗俗而又狭隘的神灵观念大肆渲染而导致其价值所剩无几。

当然，如果我们暂时还不可能了解某种事物的真实情况，那么看看我们来到这个世界的时候，哪种假说最真切地反映了人类的理智，接受这种假说将会是个不错的选择。这些假说多半可能存在错误，但是只要我们相信它是正确的，它就能够起到一个积极的作用，因为它可以让我们充满勇气，激励我们向一个新的方向开始研究。有人会说，相信这些奇妙的假说，倒不如直接地说出那个最有意义的事实，那就是，我们不知道。猛地一看，这个作法似乎更加智慧，但是当人们只是把这个事实写下来，说我们永远都不会知道的时候，这个事实对我们不会有任何的帮助，它只会让我们的内心停止思考，这种后果比最让人疯狂的幻想更加有害无益。人类的构造很奇怪，我们只能通过自己不断地犯猎误来实现进步，除此之外，没有任何东西能够引领或者指导我们走得更远、飞得更高。事实也已经证明，我们掌握的那些东西，都是从原来被认为有害的甚至荒谬的假说中得出的。另外，总体来说，过去的假说要比今天更加开放和自由。

做出假说的行为也许并不谨慎，但是它能够保持人们对事物进行研究的热情。试想你在冻得半死的时候，终于找到一个有人居住的旅馆，那里有个人守着炉火，这时候只要他能够照看好炉火，让它一直燃烧下去，他就算尽了最大努力，而他到底是眼盲还是老态龙钟，都已经无关紧要了。如果我们能把这份热量传递下去——我们自己添加上去的热量，而不是我们感受到的那份热量，那就已经很好了，与其他东西相比，进化论对我们更像是雪中送炭，因为它激励我们以更加严格的方法和更加高涨的热情，去对我们生活的星球上的所有事物提出疑问，包括地面，直至天空和海底。如果要反对它，我们以什么观点来对抗它，又以什么观点来代替它呢？如果只是承认人类在科学上的无知，只会助长我们的懒惰，而且会变成对于人类好奇心的蓄意打击，这可比打击智慧对人类更加有害；如果我们接受其他的假说，比如物种固定不变或者神创造万物，它们将比进化论更加难以证明，这些假说只是把问题中鲜活而有生命力的一部分消灭，却无法解释任何问题。

目前已知的野生蜜蜂大约有 4500 个品种。当然，这些品种我们不会——列出。也许将来有一天，会有一种更加深入的研究，一种穷尽一切对象的实验和现在还无法预计的一种观察活动，需要不止一代人对蜜蜂进行观察，然后对蜂类进化史有了确切的掌握。目前我们能够做到的，只是把所有确切的说法先放到一边，进入这个披着面纱的假想王国，仅仅对其中一个蜂种进行跟踪，记寻下它们智力如何一步步提高，如何寻求更多的安全感和舒适感，然后把这种可能延续了数十个世纪的提升过程的重要特点进行简要地说明。这就是我们已知的阿尔卑斯蜂，同一个祖先的名字经常被放在这个种族所有成员的头上，它的基本特点与其他蜂种区别很大。

赫乐曼·穆勒以及达尔文的其他一些弟子都认为，活跃在世界各地的叶舌花蜂才是原始蜂的真正代表，这种野蜂才是我们今天已知的所有蜂类的祖先。

叶舌花蜂是不幸的，它和被驯养的蜜蜂之间的关系，与岩洞蜂和生活在大城市里的那些幸运的蜜蜂之间的关系有些类似。我们很有可能无数次看到它在花丛中飞动，在公园中某个偏僻的角落发出声响，但是很可能谁都没有想到，我们一直在观察的，竟然是所有蜜蜂的祖先。它是值得尊敬的，大部分鲜花的盛开和果实能够结果都是它的功劳。有研究表明，如果没有蜜蜂采蜜，超过10万种植物会因此灭绝。不仅如此，我们的文明也有它的功劳，在这种神秘的动物身上，所有的事情都结合在一起。它是法国最常见的一种蜂种，全身呈黑色，上面点缀着漂亮的白色，它动作迅速，非常吸引人。但是，外表的优雅却隐藏着难以想象的贫乏。它的姐妹们都穿着暖和而华丽的绒毛外套，而它却几乎光着身子，和其他的蜂种一样，它也没有收集花粉的粉囊，同时由于自身的原因，它也没有地花蜂属的毛簌或者胃集蜂的腹部花粉刷。它只能用小小的爪子用尽力气从花萼中采集一点花粉，而想要把这些花粉带回蜂巢又只能吞进肚子。它只有嘴、舌头和爪子，除此之外再没有其他的工具。但是它的下颚太软，舌头太短，腿也没什么力气。它没有办法产蜡，没有办法在树木上钻孔，也不能在地上挖洞，所以只能想出最笨的方法，就是在干草莓的木髓里蛀出虫眼，勉强搭几个难看的蜂巢，把仅有的食物放进里面，留给它不可能看到的后代。建造完这个极不美观的工程后，它的去向以及目标，我们就完全不知道了，因为它一声不响地就走掉了，然后可能就悄无声息地死在某个角落里，像活着的时候一样。

本来我们可以看到很多中间过程，包括舌头如何慢慢变长，以便从花冠上抽取更多的花粉，还有一些新的收集花粉的器官逐渐成形和变化，包括毛发、绒面、胫节、附节和腹部的花粉刷。另外，当爪子和下颚变得越来越坚硬以后，重要的分泌物也开始形成，关于蜂巢建设的天份也开始在各个方面得以改进。但是这样的研究可能需要整整一本书来说明，我们决定省略中间的很多物种，仅仅用这一本书中的一章，或者不到一章，就用其中一页吧，来展示蜜蜂为了追求幸福生活所表现出的意志、努力和犹豫，也说明这些意志和努力是如何促使社会智能产生、发展和维持的。

叶舌花蜂在大千世界中如何孤独地承受自己的命运，我们已经看到了，其实它的身上还蕴藏着可怕的力量。它的很多姐妹采蜜技巧高超，而且配备了各种实用的工具。比如阿尔卑斯蜂包裹严实，切叶蜂专采玫瑰叶，它们在适合的环境中独自生活，如果哪种生物不经意间出现在它们的生活中，并且与它们在同一个地方活动，那这种生物绝大部分是寄生者，当然也可能是敌人。

蜜蜂的世界充满着幻影，甚至比人类的世界还要奇怪，例如许多蜂种都变成一种充满惰性的种族，它们好像刚遭受巨大灾难打击尚未中从痛苦中恢复过来的人类一样，麻木地活着。世代传承的惰性使它们一个个丧失了基本的劳动工具，只能靠同类物种中其他人的劳动才能活下去。（比如，噪蜂以大黄蜂为生，而斯特莱斯蜂就跟在另一种独处的切叶蜂身上当寄生者。"关于经常发生的寄生者与其受害者之间身份辨别问题，"M.J.佩雷茨在其著作《蜜蜂》一书中阐述得非常公平："我们必须明白，这两个品种是通过最亲密的姻亲关系结合起来的，属于同一个类型的不同形式。如果一个博物学家相信进化论，那他会认为这样的关系并不是最理想的，但它确实是真实存在的。我们应该认定寄生者仅仅是采集者的一个分支，只是因为适应了寄生生活而失去了采集器官。"）

其实，在被过于随便地称之为"孤独蜜蜂科"的那类蜜蜂中，社会本能就像一团被压在巨石下面的火焰一般，已经觉醒并开始酝酿了。它向四面八方寻求，在每一个方向上进行勘察和试探，那是埋葬巨石的柴堆，它带着恐惧和狂热燃烧，总有一天它会爆发，穿透压在上面的巨石，燃起属于自己的胜利之光。

如果这个世界上的一切事物都是物质，那么现在肯定是它最物质化的时期。必须从这种不安和利己的生活向充满兄弟般的感情、更可靠也更欢乐的生活转变。要把精神和身体内已经四散分离的东西恰当地接合起来，个体必须为族群做出牺牲，并且用实实在在的东西代替虚无飘渺的东西。人类看到自己正在一个优先的地方，从这个地方发散出去的本能进入我们的意识，我们应该感到奇怪，难道蜜蜂已经实现了我们都还没有考虑清楚的东西吗？黑暗中已经有新的想法在摸索前进，这样的现象不免让人感到好奇，甚至都要被感动了。出现于物质，而又保留于物质。它从寒冷、饥饿、害怕转变成了一种还没有自己形状的东西。在漫长的黑夜中，在巨大的风险中，它茫然走动，艰难前行。马上又要到冬季了，一种与死亡相似的、令人疑惑的睡眠已经来到眼前……

木匠蜂，这种蜜蜂强壮有力，它们总是在干燥的木头上钻洞筑巢，孤独地生活。但是，每年的夏末，这个物种中比较特别的青木蜂就会挤成一团，钻进日光兰的主茎中，瑟瑟发抖地一起过冬。这个行动迟缓的兄弟在木匠蜂中算是非常特别的，但是在跟它们关系最近的蜜蜂中，这种行为已经是相当常见了。一个想法正在形成，可它又突然停了下来，到目前为止，木匠蜂中还没有哪个群落能够成功地越过这条兄弟之爱的界限。

这种摸索的思路在其他的阿尔卑斯蜂中表现出其他的形式。石匠蜂能够建造巢穴，而集蜂科的掘地蜂则可以在地上打洞，两个蜂种联合起来变成更大的群落，然后一起建造蜂窝。但是这个群体并不牢固，群体中每只蜜蜂都是孤独地存在，它们互相之间并不理解，也从来不会一起行动，每只蜜蜂与其他蜜蜂都隔绝很深，它们只为自己筑巢，完全不会考虑邻居的事情。"它们其实是一盘散沙，"M. 佩雷茨曾这样说过，"因为相似的口味和习性被聚集在一起，但每只蜜蜂都按照自己的规则行事。实际上，它们就是由工蜂组成的一个合伙，除了在数量和热情方面与蜂房的蜂群相似以外，没有其他任何共同点，如果居住在同一个地方的个体数量不够大，这种聚集也不会形成。"

然而，当话题转到掘地蜂的近亲帕诺吉蜂时，一丝希望忽然便出现在眼前，它完全可以说明一种新的想法和习性在这种偶然形成的聚集群中是如何形成的。它们聚集在一起后，于其他蜂群并无不同，都是各自挖掘地下巢穴，但地面的开口向所有巢穴开放，从地表有一条通道连通所有的巢穴。"所以，"M. 佩雷茨还说道，"从建造巢穴上来看，每只蜜蜂只关心自己，但是从通道上来看，所有蜜蜂都能从个别人的劳动中获利，也避免了各自建立通道浪费时间和可能产生的麻烦。那当初建造通道的工作是不是所有蜜蜂共同完成的呢？是不是由雌蜂指示，大家轮流工作呢？如果能够发现这些问题的答案，那将是多么有趣啊。"

不管最终会是何种情况，两个世界的壁垒已经被兄弟之情的想法所打破。这个世界不再是野生和无法认识的，不再会因为担心死亡而诉诸本能，它被积极的生活所激励。可是，在这个例子中，兄弟之情又一次停滞了，不再向前多走一步，但是没关系，它依然还很勇敢，它还会找到另外的道路。它开始影响大黄蜂的族群，在那里瓜熟蒂落，在不同的环境中表现出来，开创了最初那些具有重大意义的奇妙事实。

大黄蜂对我们来说都不陌生，身材巨大，看上去毛茸茸的，又吵又闹，好像十分凶恶，但实际上它并不会伤害我们。最早的时候，大黄蜂是独自生活的。3月初，受了孕的雌蜂挺过了寒冷的冬季，便开始在地下或者丛林中筑巢，由于它所属的种类不同，筑巢的地点也会有所差别。它在世上没有别的亲人，只能独自在刚刚到来的春天里飞动。它选好一个地方，把它清理干净，然后挖好洞，在里面铺上一层类似地毯的东西，便建造一个没有任何规则形状的蜡巢，把蜜和花粉存放在那里，接着开始产卵，从那些卵中孵出幼虫，便开始照顾和抚养它们。过不了多久，蜂巢内外就会有一大群儿女，帮它从事各种劳动，而且很快其中一些儿女也会开始产卵。这个群落越变越大，蜂巢的建造会得到改进，变得更加舒适。这个群落中的灵魂仍然是最初的雌蜂，它还是最重要的母亲，它所处的位置是一个王国的最高处，这种结构很可能就是现代蜜蜂王国的雏形。遗憾的是，这个雏形并未最终成形。

大黄蜂群落的规则不严，执行也并不到位，因此自相残杀和杀害幼虫的行为时常发生。群落的蜂巢没有固定的外形，在建造中难免浪费大量的材料，因此，它们的繁盛无法超过某个限度。但是这两种群落依然存在差别，主要就在于其中一个是永久性的，而另一个则是暂时性的。每到秋季，大黄蜂的巢穴会消失，所有住在里面的居民都会死去，它们在这里生活和劳作的所有痕迹都将被抹去。但是有一只雌蜂会活下来，直到来年春天，它会像它贫穷而孤独的母亲一样，开始同样没有任何作用的劳动。但是，它已经开始意识到自己所拥有的那种力量。大黄蜂的想法依然还在我们说过的范围之内，但是另外一个群体由于对它自身习性的忠实，一直在按照它最正常不过的习惯生活，忽然之间仿佛灵魂转世了一般，那种想法最终在这里取得了胜利，在这个群体中变得无所不能，几近完美。这就是属于热带蜂属的无螫针蜂和南美无刺蜂，它们这个物种是最先进的群体，是驯化蜜蜂之前的最后一个群体，但仍然也还是其中的一员，这种想法在此时达到了最圆满的状态。

它们的组织形式跟现代蜜蜂已经同样完备了。只有一只母蜂，还有雄蜂和不能生育的工蜂。它们在某些细节上甚至表现得更加先进，比如雄蜂能够分泌蜂蜡，并不像现代雄蜂一样完全不会劳作。它们更注重蜂巢入口处的防守，如果天冷的话，里面有一个门可以关起来；如果天气很热，还有一层像帘子一样的东西可以挡住热气。

但它们那个小小的王国还不够强大，日常生活不能得到完善的保障，繁荣程度也比较低，而现代蜜蜂在这些方面做得更好一些。如果一个地方引进现代蜜蜂，那些原有的热带蜂往往会自动消失在它们面前。兄弟之情在两个种族中都经历了长足的发展，不同之处只有一个。不像大黄蜂那少数存活下来的后代那样，热带蜂属中的它们再也没有进一步发展。简单地说，它们在蜂巢的建筑方面存在明显的不足，这体现在劳动分工的机械组织、如何精确使用力量等方面。说到这里，我提请各位能够再次注意本书第四十二节所说过的那些话，同时我还想再补充一句，现代蜜蜂的蜂巢中所有的巢穴都可以存储物资或者养育幼蜂，而且和蜂巢中的其他部分一样结实，但是热带蜂的巢穴却只是作为蜂蛹的摇篮，在幼虫孵化出来之后，这个巢穴便会被毁掉。（单一蜂王或者单一母蜂的原则是否适用于热带蜂，目前还没有确定的结论。布兰查德说得很有道理，由于热带蜂没有螫针，不像现代蜜蜂中的母蜂那样随时准备向对方发动攻击，所以同一个蜂巢中可能同时存在多只母蜂。蜂王和工蜂之间非常相似，而我们也无法在这样的气候中饲养热带蜂，因此，何种结论才真正准确，我们无法得知。）

　　我们之前对那个思想变化的过程进行过简略和不完整的描绘，这个思想正是在被驯化的蜜蜂中得到了完美的呈现。这些想法在这些物种里真的一直都受到抑制吗？这个变化的过程是真实存在的，还是只存在我们的想象中呢？由于这个领域的研究并不够深入，我们最好不要急于建立一个完整的体系，先把我们的结论作为依托，让它优先成为表达最高愿望的结论，因为，如果一个选择必须做出，脑海中偶尔闪出的微光会告诉我们，最正确的推断就是我们最希望做出的推断。同时我们也要记得，我们对于世界不了解的地方仍然还有很多很多。现在的我们就像刚刚睁开眼睛，还有数千种可行的实验我们都没有做过尝试。比如说，如果迫使叶舌花蜂与自己的同类住在同一个蜂巢中，经过一定长的时间，它们有没有可能打破彼此之间的隔膜，习惯于和某种掘地蜂过同样的生活，或者表现出与某种掘地蜂的兄弟之情？再比如，如果帕吉诺掘地蜂被放到一种异常的环境中，它们会不会开始共用通道，直到共用巢穴呢？如果大黄蜂的母蜂也进入冬眠，它们有没有可能互相配合，实现劳动分工呢？如果热带蜂见过蜡基巢穴，它们会改变自己的习性来适应这奇怪的建筑，接受这样的巢穴并加以利用吗？这些相似的问题中包含着我们最大的秘密，我们把它全部推到那些小东西面前。我们的经验从不久之前才刚刚开始积累，因此我们无法对这些问题给出答案。大约150年前，我们开始注意野蜂的习性，罗穆乐熟悉了其中的几种，从那以后，我们又陆续对其他的一些野蜂进行了观察，但还有成百上千种的野蜂我们还没有认真研究过，只有一些行色匆匆的旅行者曾经见到过它们，但那些旅行者却并不了解蜜蜂。《研究报告》一书的作者在他的作品中对我们所了解的那些蜜蜂的习性做了描述，从那以后，我们对蜜蜂的了解再没有什么重大的变化。大黄蜂低语着在令人愉悦的阳光下飞舞，1730 年 4 月的时候，它们在查伦顿的花园中采集着花蜜，文森尼树林距离这里不过几米远，第二天在那儿嗡嗡叫着的，绝对是同一种群的大黄蜂。从罗穆乐到现在，不过是一瞬间，许多人的生命不断流动，但是从自然思想史的长河中来看，这也不过是一秒钟而已。

在驯化蜂那里，我们一直研究的那个想法得到了最完整的表现，但我们不能因此就说蜂箱是完美无瑕的。六边形巢穴是一个杰作，它确实可以称得上完美，即使全世界的建筑天才召开一次秘密会议，都不可能再对这个杰作进行任何的修改。地球上还没有哪种生物能够像蜜蜂一样，把自己生活的地方建造得如此完美，连人类都不行。如果有一种外星生物向我们提问，地球上哪种事物最完美地呈现出生活的逻辑，不起眼的蜂窝将会是我们最终的选择。

可是这种完美并不能体现在各个方面。之前我们也说到过一些时而明显时而隐蔽的缺点和瑕疵，比如雄蜂那毁灭性的闲置和过剩、单性生殖、危险的婚飞、频繁分蜂、没有怜悯之心，另外就是个体为群落做出的可以称得上残酷的付出和牺牲。它们还喜欢储存远远超过自己需要的花粉，这是一种非常奇怪的习性，因为花粉很快便会变硬变臭，影响它们在蜂房表层的行动。而从第一次分蜂到第二只母蜂受孕之间的空白不孕期太长，也对它们有重大影响。

在这些缺点中，最严重的就是重复分蜂，这个缺陷在我们的气候里面是致命的。但是在这里我们需要知道，过去的几千年里，驯化蜂的自然选择受到了人类的影响和控制。从法老时代的埃及到现在，养蜂人的意愿和利益与蜜蜂总是相反的。蜂群数量最大的蜂箱，在夏季开始后只会进行一次分蜂。由于数量巨大，又很早熟，它们在秋季到来之前有充足的时间建好自己的住处，这些住处结实耐用，而且有充足的存货。它们完成母蜂的责任，确保蜂王必要的更新和蜂群血统的维护，也保证了蜂群的未来。如果完全让蜂群自主生活，那么很明显，在所有的蜜蜂中，将只有这些蜂箱中的蜜蜂和它们的后代能够挺过寒冷的冬季，其他由不同本能主宰的群落将会被严寒消灭，北方的蜂种会慢慢采纳有限分蜂的法则。但是为了维护自己的利益，人类却要将这些谨慎、富足而且适应了新环境的蜂群毁灭。在一般的养蜂活动中，一直到今天，能够被人类允许存活下来的，仍然只有最弱的蜂群，它们的食物只够勉强过冬，人类可能会给它们加上有数的几滴蜂蜜。于是导致留下来的蜂种更加弱小，过量分蜂的倾向变成了遗传特征。现在几乎所有的驯化蜂都存在过量分蜂的问题，尤其是黑蜂。已经使用多年的"活动式"养蜂法有利于纠正蜂群这种致命的缺点。如果我们想想，对于大多数驯养动物，包括牛、马、羊、狗、鸽子等，人为的选择在它们身上产生了多么快速的作用。我们便有理由相信，不久之后，将会有一个新的蜂种，采集蜜和花粉是它们的全部活动，而自然分蜂的习惯将被完全放弃。

再说其他的瑕疵，既然那种智能对共同生活具备了更加明确的目标意识，它能不能从此得到解放呢？产生瑕疵的原因有很多，可能是蜂箱内部不为人知的某些东西，也可能是因为分蜂而伴随产生的错误，其中一部分原因是因为人类。我们在前面已经说过了这些情况，在这里也把判决的权力交给每一只蜜蜂，它们可以自行判断蜜蜂是否具备智力，只要它们认为有理有据就行，我也不会急着为蜜蜂辩护。在我看来，许多情况都证明它们能够理解彼此的意图，当然，如果它们做出这些举动完全是盲目的自发行为，那也不会减少我对它们的好奇心。一个大脑能够抵抗饥饿、孤独、死亡、时间和空间，还有创造了所有生命的最高存在，这本身就具备了超常的能力，观察它们将是非常有趣的一件事情。但是如果一种生物没有跨过本能的界限，同时保持着这种深刻而又复杂可爱的存在，又没有做出超越常规的事情，那我也会觉得非常有趣，而且非常特别。如果在大自然中来验证普通的事物和超常的事物，两种事物的价值就会变得——对等。我们忽然明白，吸引我们注意的不是它们，而是我们不明白或者无法理解的事情，这些事情让我们恢复正常的活动，让我们的思想、感情和文字更加公正。不要依附其他东西，对于我们来说，才是真正智慧的。

以我们的智能作为法庭，将蜜蜂传唤过来，因为它们的缺陷而批评它们，这本身就是不正当的。人类自身的意识和智力还不是一样存在错误和瑕疵？而且一直以来都没有找到方法解决。人类天生就号召和组织符合纯粹理性的共同生活，作为这样的存在，我们不妨把自己想成是一只蜜蜂，看看人类已经做成的事情。比较一下蜂房中的错误和人类社会的错误以后就会发现，人类虽然在别的方面显示出高明的理智，但是在劳动分工中出现的不公正、不合逻辑，却足以使人惊叹。在这个所有生物惟一居所的地球表面，人类之中竟然只有十分之二或十分之三的人口在进行痛苦而艰难的耕种，另外十分之一的人什么工作都不做，但第一批劳动者的绝大部分成果却都被他们占有，还有十分之七的人永远都处在半饥饿半穷困状态，他们日夜操劳，做着奇怪而且没有结果的劳动，更让人无法理解的是，这种劳动并没有给他们带来好处，反而让有空闲者的生活更加复杂。通过观察我们可以得出这样的结论：人类的理智和道德感与我们的世界完全不同，他们所遵循的准则我们也无法理解。其实我们也没必要在瑕疵这个问题上走得太远。时间不停流逝，每过几个世纪，有一个人会从睡梦中醒来，困惑地叫喊一声，伸个懒腰，甩一甩因为支着头而发酸的胳膊，然后转个身再次进入甜蜜的梦乡，等到睡眠所产生的特有的疲乏再使他感到不舒服的时候，他便会再次睁开眼睛。

承认阿尔卑斯蜂的进化，或者是蜜蜂科的进化，至少承认相对于停步不前来说，发生进化的可能性要大一些之后，我们就来研究一下进化所采取的固定和普遍的路线。总的来说，蜜蜂进化的路线与人类基本相同。这种进化明显地倾向于减少争斗、不安全感和蜂群的困苦生活，提高管理和舒适程度，提供更多有利的机会。为达到这个目的，提高整体的实力和幸福，个体的利益会被它毫不犹豫地牺牲掉，以及能够代替独自生活的不稳定和贫困。修昔底德赞扬伯里克利的话也说明了这个道理：一个人即使在繁华的大城市里受到苦难，也比在弱小国度中兴旺发达要幸福得多。那些辛苦劳动的奴隶在强大的国度中得到保护，那些不能劳动，也没有稳定结合的人被它抛弃给不可知的敌人，随着宇宙的移动，在太空中某个偏僻的角落里艰难生存。我们不想讨论自然的目的，也不想追问人类探求自然的目的是否正确，但是我们可以肯定一点，无论无限的存在是否允许我们看到那个思想的轮廓，这个轮廓都会在这条不知尽头的路上继续走下去。自然在进化的过程中提供着持续的照顾和修正，这些都是通过战胜敌对的惰性因素赢得的，其实我们只要把这些记寻下来就已经足够了。它记寻下每一次快乐的努力，设法让那些我们明白十分普遍而且并不仁慈的法则来抵消不可避免的反冲。几乎可以肯定，绝大部分的智慧生命中都存在这个过程，但这个过程很可能在其最初的动力之外并没有目标，也不知道最后向哪里发展。但是至少，在这个除了这种事情中少有的几个之外，其他东西都没什么明确意愿的世界上，能够看到一种生物缓慢而持续地提升的意义已经足够重大了。即使蜜蜂仅仅向我们展示了无尽黑暗中那一道神秘之光的盘旋上升，也足以使我们不会后悔花在这些小小身躯和卑微习性上的时间，更何况这些虽然看起来离我们很远，但实际上与我们伟大的激情和骄傲的命运却又如此相似。

这些事情可能都没有什么用，我们自己的盘旋上升的光并不比蜜蜂的盘旋之光少，但是它被点燃的目的也许仅仅是取悦黑暗。所以，某个惊人的事件很可能从外界涌现出来，从另一个世界，从一种新的现象，它要么会使我们的努力充满最终的意义，要么最终毁灭它。但是我们还是要坚持在自己的路上走下去，就像没有什么不正常的事情会发生一样。即使我们知道，明天会有一道启示、一则消息，从比如让来自比我们更加古老更加文明的星球发出，来灭绝我们的本性、压制我们的准则和激情，还有生活中最基本的真理，我们最明智的选择依然是用今天一整天去学习这些已经混合并且统一在我们的意识中的激情、准则和真理，依然忠诚于自己的命运，保持那种去征服的信念，依然在一定程度上提升我们自身和周围那些难以理解的力量。这些也许都无法在新的启示中幸存下来，但是这些坚持到底完成原本属于整个人类使命之人的灵魂，毫无疑问会站在最前排去欢迎新的启示，他们会从中学到，对于未知之物的中立、顺从是真正的义务，他们会比其他人更能够理解这最终的顺从和中立，也能够更好地利用它们。

　　但是也许我们应该尽量避免这种推测，不要让整体灭绝的可能性模糊了我们对目前任务的知觉，毕竟我们不能指望机会能够发生奇迹来救助我们。迄今为止，虽然我们有自己想象出来的希望，但所有的事情最终还是要我们自己来做，落在我们自己身上。这个地球上每一项有用的和持续的成就，都是通过最不起眼的努力来达成的。如果我们预期某件异常的事情不会阻碍人类的任务，我们完全可以选择等待这件事情最终出现更好或者更坏的结果。蜜蜂在这件事情上，就像大自然一直在做的一样，给我们上了生动的一课。在蜂巢中确实存在很大的阻力，那里有一种力量强大到足以毁灭或者改变它们的种族，或者改变它们的命运，蜜蜂所受的压制比我们肯定要多得多。但是它们仍然改造着自己深刻而原始的责任，而且在它们之中，恰恰是那些服从于自己职责的蜜蜂，从超自然的压制力量中得到了好处，从而在今天提升了它们族群的命运。要体现一种生物不可征服的职责，确实没有想象中那么困难。我们可以从那些有明显区别的器官中看得出来，其他的都是次要的。比如蜜蜂的舌头、嘴和肚子上就好像写了这必须用来采蜜，而我们的眼睛、耳朵、神经、骨髓和每一片脑叶也都写着我们必须制造大脑物质；却没必要确定这种物质会为什么目的服务。蜜蜂并个知道它们是否能够吃到自己收获的蜂蜜，就像我们不知道谁会从我们形成的大脑物质中，或者从那里产生然后扩散到整个宇宙的智能液体中获得利益，无论它在我们死后随之腐朽或者继续存在。当它们从一朵花飞到另一朵花，去采集比自己和他们的后代的需要多得多的蜂蜜时，我们也不妨从事实出发，为那些难以理解的火焰寻找食粮，同时去确认我们已经完成了固有的职责，已经准备好去迎接所有事件的降临。让我们用自己的感受和激情、所见和所思、所闻和所触，以及它自己凭借思想对每一个时刻的发现、经验和观察中得出的本质，来滋养这朵火苗。这时一个时代就会到来，所有的事情都会自然而然变得美好，在精神上把它自己完全献给了对人类简单职责的忠诚热望，对于精疲力竭的努力可能毫无目的地怀疑只会让这个职责更加清晰，只会在它依然追寻的热情中增加更多的纯洁、力量、无私和自由。

蜂王

蜂后，亦可称为蜂王，是蜜蜂群体中唯一能正常产卵的雌性蜂。工蜂会产卵，因为都是未受精卵，而只能发育成雄蜂。蜂后死后，蜂群会哺育新的蜂王。蜂后的寿命可长达几年，而雄蜂只能活几个月，工蜂的平均寿命（在采蜜季节）只有45天左右。所以蜂后通常是蜂群中其它成员的母

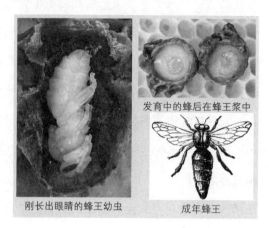

发育中的蜂后在蜂王浆中

刚长出眼睛的蜂王幼虫　　　成年蜂王

蜂王

亲，故有人也把蜂后称为母蜂。在蜂群的繁殖季节，蜂群会修筑多个王台哺育新的蜂王，一般老蜂王在新蜂王出台前会带领一部分蜜蜂离开原巢，并且第一个出台的新王会杀死未出台的新王继承老王的蜂巢成为新王。

工蜂

工蜂是蜂群中繁殖器官发育不完善的雌性蜜蜂。在蜂群中为数众多，形态结构上表现出许多特化现象，如附肢特化形成花粉刷或花粉梳，生殖器官特化成尾端的螫刺，腹侧具腊腺。在同一蜂巢中的工蜂，因龄期不同可以分为三个生理上不同的工蜂群：保育蜂、筑巢蜂和采蜜蜂。

工蜂

雄蜂

雄蜂在蜂群中的作用是与蜂后交配，一般在繁殖季节出现多，交配后立即死亡。雄蜂的精液可以在蜂后的体内保存数年而保持活力并具有授精能力。雄蜂的体型要比工蜂大，翅长，飞行能力强；全身呈黑色，腹部花纹不如工蜂明显，但是与蜂王一样，因为无针所以不具备攻击能力，所以被蜜蜂蛰伤的情形其实都是工蜂所为。雄蜂的食量大，因此工蜂会根据繁殖的需要和巢内食物的多寡来决定雄蜂去留。

成年雄蜂

蜂王　　雄蜂　　工蜂

蜜蜂交配

分蜂

分蜂一般在春季发生。蜂王率领蜂群2/3的成员迁移，将王位让给另一只蜜蜂。在侦察蜂外出寻找合适的筑巢地点时，分蜂的蜂群在原来的蜂巢附近休息。此时的蜜蜂决不会发动攻击，因为它们离巢时有充分准备，个个口含蜂蜜。

蜜蜂采蜜

世界科普巨匠经典译丛

第一辑

第二辑

第三辑

中国科学院院士 叶叔华、郑时龄 郑重推荐！